COQUILLES

TERRESTRES ET FLUVIATILES

RECUEILLIES PAR

Mr. LE PROF. J. R. ROTH

DANS SON DERNIER VOYAGE

EN PALESTINE.

DÉTERMINÉES

PAR

ALBERT MOUSSON.

ZURICH

IMPRIMERIE DE ZÜRCHER ET FURRER.

1861.

L'Orient, avec ses richesses et ses misères, exerce sur bien des personnes une attraction particulière. M. le Professeur J. R. Roth de Munich, en cédant à un penchant de ce genre, a visité la Palestine à trois reprises différentes. Il débuta en 1839 comme compagnon des savants MM. Schubert et Erdl. Son second voyage se fit en 1852 et 1853, le troisième en 1858 et 1859; tous les deux furent entrepris d'une manière indépendante, sous les auspices de l'Académie des sciences de Munich. Son dernier séjour sur le sol de la terre-sainte lui devint, comme on sait, fatal; un coup de soleil le frappa sur le Liban et mit fin à une activité aussi féconde que variée. Espérons que les fruits de cette dernière entreprise, la plus importante de toutes, ne seront pas entièrement perdus; le journal de M. Roth, ainsi que ses nombreuses collections, ont été sauvés et se trouvent à Munich où, sans doute, on saura les utiliser dans l'intérêt de la science.

Cependant, de toutes les branches de l'histoire naturelle, nulle n'a été plus chère à M. Roth que la Malacozoologie. Les nombreuses collections qu'il re-

1

cueillit en font foi, ainsi que le soin qu'il mit à publier lui-même les fruits de ses deux premiers voyages, dans les deux mémoires suivants:

1) *Molluscorum species, quas in itinere etc. recensuit Dr. J. R. Roth. Dissertatio inauguralis. Monachi* 1839.

2) *Spicilegium molluscorum orientalium, annis* 1852 *et* 1853 *collectorum. Auctore J. R. Roth.* Malacozool. Blätter 1856.

Sans doute, M. Roth avait l'intention de décrire de la même manière les nombreux objets que lui fournirent ses dernières recherches et de réunir ensuite l'ensemble de ses observations, qui embrassent la plupart des espèces connues pour la Palestine, en un seul tableau complet. Malheureusement il ne lui a pas même été donnée d'entamer ce travail, pour lequel il était si éminemment qualifié. Certes, il serait présomptueux de vouloir marcher sur ses traces sans avoir exploré du même oeil patient, consciencieux et intelligent le pays, sans avoir, comme lui, poursuivi chaque espèce dans ses conditions de vie et de distribution. Aussi dans les pages qui suivent, écrites sur le seul examen des objets recueillis, devrai-je me contenter à donner un simple catalogue raisonné, formant une fragment de plus à ajouter aux nombreux matériaux, qu'un jour une main plus favorisée aura a réunir.

Je dois à la bonté de M. le Prof. Siebold, directeur en chef du Musée zoologique de Munich, qui m'a confié de nombreux échantillons des espèces de Mr. Roth, de pouvoir m'acquitter envers mon défunt ami d'un devoir bien cher, en publiant maintenant la liste de ses dernières récoltes. Ce petit travail pourra se lier aux deux catalogues analogues, que j'ai fait paraitre; l'un, sur les objets rapportés de l'Orient par M. le Prof. Bellardi de Turin, l'autre, sur les recherches de M. le Dr. Schläfli dans la Turquie occidentale. J'y procéderai à-peu-près de la même manière, en ne formant toutefois de toutes les espèces qu'une seule série, dans laquelle se placeront, d'une part, les diagnoses des nouvelles formes, de l'autre, quelques remarques critiques sur les espèces que d'autres auteurs ont publiées. De même aussi, je désire faire ressortir les deux points de vue qui, dans l'étude des coquilles, me paraissent surtout intéressants, savoir celui des affinités naturelles et celui des rapports géographiques, en tant du moins que les données actuelles permettent de les saisir.

---

1. **Zonites camelinus** Bourg. — Cat. rais. 9. T. 1, f. 23—25 Pfr. Mon. IV. 93.

Cette espèce, très bien représentée par M. Bourguignat, se reconnaît au nombre de ses tours (6—7), peu larges et réguliers et par ses fortes stries, surtout vers la suture, assez enfoncée. Inférieurement la coquille est lisse et luisante, subaplatie ou même concave vers l'ombilic, de sorte qu'au profil le plus grand diamètre se rapproche assez de la base.

Cette espèce n'est pas mentionnée dans le Spicil., quoiqu'à juger d'après les collections du dernier voyage de M. Roth, elle ne doive pas être rare aux environs de Jérusalem. M. de Saulcy l'avait trouvée à Heliopolis (Baalbeck) et à Neapolis (Naplouse); elle paraît donc occuper tout l'intérieur de la Palestine.

Son intime parente est une espèce un peu moins déprimée et inférieurement moins aplatie qui ne paraît pas décrite et qui a été recueillie par M. Schläfli en deux endroits aux environs de Constantinople. Ces deux espèces se lient par un ensemble de caractères à l'espèce sicilienne *H. Testæ* Phil. (Zeitschr. 1844. 104. Chemn. T. 111. f. 6—9), mais celle-ci manque de fortes stries; elle est plus grande et plus grisâtre. Le rapprochement vers les *H. Erdelii* Roth (Dissert. 16. T. 1. f. 4. 5.) et *H. Friwaldskyana* Rossm. (Icon. II. 3. f. 691) est moins évident. Toutes deux, entr'autres différences essentielles, ont des striées costulées se prolongeant à la base jusqu'à l'ombilic, ce qui les rapproche du groupe *Patula* Alb. Il est probable que l'espèce de la Palestine et celle de Constantinople se relient à travers le Midi de l'Asie-mineure, qu'on ne connaît jusqu'ici que fort incomplétement.

2. Zonites cellarius Müll. — Pfr. Mon. I. 111.
var. *sanctus* Bourg. — Cat. rais. 7. T. 1. f. 10—12.

D'après l'échantillon que j'ai vu de cette coquille, je dois me ranger à l'opinion de M. Roth (Spic. Mal. Bl. 1856. 24) qui ne la considère que comme une grande forme de l'espèce de Müller. Elle doit s'en distinguer par sa couleur plus foncée, ses tours plus convexes, surtout le dernier moins aplati, — caractères qui, dans le domaine du vrai *cellarius*, présentent assez de gradations.

Le *Z. cellarius* se distingue par sa grande extension à travers la majeure partie de l'Europe, notamment aussi le long des bords de la Méditerranée. Comme souvent on l'a confondue avec les formes voisines l'*H. glabra* Stud., *nitida* (vera) Drap., *alliaria* Müll. etc., je ne citerai que les localités suivantes, d'où je la possède dans ma collection: Madère, Téneriffe, Algérie, Cadix, Séwille, Carthagène, Montpellier, la Lombardie, la Sicile, Naples, Rhodes. Ce dernier point sert de passage aux côtes de l'Orient. M. Roth la cite de Beirut et de Jérusalem, d'où proviennent également les échantillons que décrit M. Bourguignat.

En réunissant le *Z. sanctus* au *cellarius*, il ne faut cependant pas perdre de vue qu'une forme géante, très semblable, se retrouve dans la Transcaucasie et probablement dans l'Asie-mineure. M. Dubois l'a recueillie à Kontaïs, d'où M. Parreiss l'a également reçue et répandue sous le nom peu authentique de *H. approximans*. Elle vit avec une seconde espèce de même grandeur, dont elle diffère par des tours plus dilatés et plus déprimés. Cette dernière espèce paraît se rapprocher de l'*H. natolica* Alb. (Mal. Bl. IV. 90. T. 1. f. 4—6).

3. Zonites jebusiticus Roth. — Spicil. 24. T. 1. f. 3—5.

Au premier abord on le prendrait pour le *Z. æquatus* (Coqu. de Bell. 16. f. 1), avec lequel il partage la spire très surbaissée, les tours supérieurement peu convexes, et croissant promptement, au nombre de 5, la base plus convexe, l'ombilic assez large. Mais malgré cette intime ressemblance, un examen attentif laisse découvrir des différences qui, pour le moment, semblent constantes. Le *Z. jebusiticus* est plus mince et transparent que l'*æquatus*, ses stries transverses sont moins marquées, parcontre les linéoles spirales, dont on ne découvre dans l'autre espèce qu'à peine quelques traces, bien continues. L'ombilic du *jebusiticus* est moins large, plutôt cylindrique, celui de l'*æquatus* évasé en entonnoir, laissant voir tous les tours; en conséquence, les tours à la base sont plus larges et plus aplatis dans la première, plus arrondis, surtout vers l'insertion ombilicale, dans la seconde espèce.

Les plus grands individus de l'espèce de M. Roth atteignent $16{,}5^{mm}$ de diamètre et proviennent d'Engeddi près de Jérusalem. Elle s'est trouvée également près du lac de Gihon et à Hakeldama, dans le val Hinnom. Le *Z. æquatus* n'a jusqu'ici été rencontré qu'à Rhodes (Bellardi) et aux environs d'Athène (Heldreich), d'où elle s'est répandue dans les collections sous le faux nom de *H. superflua* Rossm. (Pfr. Zeitschr. 1848. 113), qui revient à une espèce à linéoles spirales ayant ses tours bien plus arrondis (Chemn. T. 121. f. 10—12). Quant aux rapports des deux espèces avec l'*H. protensa* Fer. je me réfère à ce que j'en ai dit à l'endroit cité (Coqu. Bell. 16).

4. **Zonites nitellinus** Bourg. — Test. nov. 16. — Cat. rais. 8. T. 1. f. 13—16. — Journ. d. Conch. 1853. 72. T. 3. f. 5.

Cette jolie espèce se lie intimément aux *Z. æquatus* et *jebusiticus* et paraît s'associer avec l'un et l'autre dans les contrées où on les trouve, avec le premier à Rhodes suivant MM. Bellardi et de Saulcy, avec le second à Neapolis, Jérusalem et Nazareth suivant MM. de Saulcy et Roth. Toutefois elle en est bien distincte par ses dimensions moitié moins grandes, au plus 8^{mm}, par sa forme encore plus planorbique, son ouverture plus inclinée, formant une ellipse peu entamée par le dernier tour, sa surface supérieure entièrement matte, par suite du développement plus marqué des linéoles spirales et des stries d'accroissement. Son ombilic est plus évasé que celui du *Z. jebusiticus*, dont en somme cette espèce se rapproche le plus.

5. Patula Erdelii Roth. — Dissert. 16. T. 1. f. 4. 5. — Spicil. 25.

Les nombreux exemplaires, recueillis par M. Roth à Beirut, à Nazareth et à Jérusalem, appuient entièrement l'identité admise entre cette espèce et l'*H. flavida* Rossm. (Icon. II. 610) de la Sicile et de Naples; on ne peut pas même les distinguer comme variétés, quoiqu'en moyenne l'*H. flavida* soit un peu plus élevée et n'atteigne pas la grandeur de l'*Erdelii*, qui a presqu'à 14^{mm} de diamètre. L'ombilic, la forme de l'ouverture, les stries costulées, s'étendant jusqu'à l'ombilic, sont les mêmes. Ce dernier caractère range cette espèce au commencement du sous-genre *Patula*, avec lequel elle se lie par l'intermédiaire de la *H. Friwaldskyana* Rossm. (Icon. II. 3. f. 691), qui est plus petite, carênée et deprimée, enfin plus largement ombiliquée.

M. Bellardi avait trouvé l'*H. Erdelii* à Rhodes, un nouveau rapprochement de cette île avec la Syrie; M. Parreiss l'a reçue de l'Asie-mineure, je ne sais de quel point; M. Schläfli enfin me l'a envoyée d'Arnoutköi, au Nord de Constantinople, ce qui est à-peu-près la latitude de Naples. Peu-à-peu le domaine de cette coquille se dessine plus clairement.

6. Patula hierosolymitana Bourg. — Test. nov. 13. — Cat. rais. 22. T. 1. f. 32—35. Roth Spicil. 7.

Sa forme plus conique, son ouverture plus arrondie, son ombilic bien plus étroit doivent la distinguer de l'*H. rupestris* Drap. (*umbilicata* Montg), dont elle partage l'habitude de se coller aux rochers calcaires. Ces différences sont assez marquées par rapport à la forme boréale de l'*H. rupestris*, mais beaucoup moins lorsqu'il s'agit de la variété sicilienne, qu'on a nommée var. *conica* ou var. *trochoides* (Pfr. 1. 86), qui se rencontre au reste ça et là, avec toutes les transitions intermédiaires, jusque dans les Alpes lombardes. La figure de M. Bourguignat, comparée à des centaines d'exemplaires recoltés par M. Roth au val d'Hinnom, près de Jérusalem, est un peu exagérée, la spire trop élevée et surtout l'ouverture trop grande.

Les derniers points à l'Est, d'où je possède la vraie *rupestris*, sont l'Acropolis d'Athènes (Heldreich) et Brussa (Dr. Thirk). On sait que vers l'Ouest elle traverse toute l'Europe.

7. Helix syriaca Ehrenb. — Symb. phys. 1. N° 8. — Pfr. Mon. I. 131. Chemn. T. 98. f. 4—6. — Coqu. de Bell. 30. — Bourg. Cat. rais. 25.

Espèce bien connue, répandue, à partir de l'Italie méridionale et de la Sicile, à travers l'Archipel grec, Candie, Chypre et toute la Syrie. Les collections de M. Roth la contiennent en grand nombre de Jérusalem même, surtout la variété nommée par M. Rossm. *onychina* (Icon. II. N° 568). Sur un fond corné-laiteux foncé se dessinent deux filets blancs tranchés, l'un suivant la suture, l'autre sur le pourtour de la coquille; un bande blanche succède au peristôme brun foncé et les alentours de l'ombilic tirent également au blanc.

8. Helix Olivieri Fer. — Tabl. syst. 41. N° 255. — Bourg. Cat. rais. 25.

Après ce que j'ai dit de cette espèce, la proche parente de la précédente, à l'occasion des coquilles de M. Bellardi (p. 4) et de M. Schläfli (p. 7), il serait inutile de m'y arrêter. M. Roth à recueilli la variété fortement colorée, nommée *ocellata* par M. Parreiss, en échantillons souvent fort élégants à Kemlch.

9. Helix obstructa Fer. — Fer. et Desh. I. 110. T. 90. f. 10.

C'est une des espèces qui manquent à la faune européenne, même à celles de la Sicile et de la Grèce, mais qui relient la Palestine à l'Egypte. On la cite en Syrie de Tyr (de Saulcy), de Sajda (Boissier, Bellardi), de Kemlch et de Jérusalem (Roth).

L'*H. appressula* Friw., recueillie à Beirut par M. Kindermann paraît réellement distincte, ou représente du moins une variété à caractères fort exagérés de l'*H. obstructa*. Elle est considérablement plus aplatie, surtout à la base; le bord basal de l'ouverture, au lieu d'être concave, forme une ligne droite ou même un peu relevée, jusque près de son insertion; la perforation est entièrement close, le dernier tour parcontre dévie jusqu'à la demi-largeur de l'avant-dernier.

10. Helix berytensis Fer. — Tabl. syst. 47. — Pfeiff. Mon. I. 138. — Coqu. d. Bell. 42. — Bourg. Cat. rais. 23.

Espèce essentiellement orientale. On la cite d'abord de Cacamo en Carie (Roth); puis de divers points de la Syrie, de Beirut et de Jérusalem (de Saulcy), du Liban (Bellardi), maintenant de Sajda et de Tiberias (Roth).

Les échantillons des environs de Tiberias, où cette espèce ne paraît point être rare, appartiennent essentiellement à la var. *granulata* (Coqu. d. Bell. 42). La surface est couverte d'une chagrinure bien nette et prononcée, formée de petits grains allongés, distinctement séparés. — Ceux de Sajda ont une épiderme plus claire, brun-jaunâtre, souvent ornée sur le pourtour d'une faible bande plus claire. En même temps les granules s'amoindrissent au point de disparaître presque entièrement sous les stries d'accroissement, developpées surtout vers la suture. Je ne sais, si c'est la forme typique de M. de Ferussac. Les échantillons du Liban sont intermédiaires, penchant plus vers la variété de Tiberias.

11. Helix lenticula Fer. — Bourg. Cat. rais. 21.

Cette espèce, bien connue, accompagne presque tout le pourtour de la Méditerranée. MM. de Saulcy et Bellardi (Coqu. d. Bell. 31) l'ont recueillie à Larnaca et à Sirianocori en Chypre; puis, le premier, à Neapolis en Syrie. Enfin, M. Roth vient de la découvrir, à la vérité comme rareté, à Jérusalem même, ce qui est bien le point le plus oriental connu de son apparition. La forme ne se distingue pas des échantillons de Naples ou de Perpignan.

12. Helix Langloisiana Bourg. — Cat. rais. 34. T. 1. f. 39–41.

M. Roth dans son Spicilegium (p. 28) désigne cette espèce comme variété remarquable de l'*H. caperata* Montg.; M. Bourguignat, comme de droit, l'en a séparée et l'a clairement définie.

Parmi les objets de la succession de M. Roth, elle se trouve en assez grand nombre, en deux formes qui se lient intimément.

1) La forme typique, que la figure de M. Bourguignat représente fidèlement, s'est trouvée aux environs de Jérusalem même, ainsi qu'à Tiberias. Il y a des individus entièrement blancs, d'autres qui, à l'instar de l'*H. Rosetti* (Pfr. Mon. I. 156), présentent des séries de points et petites taches grisâtres. La carène peu développée, la convexité des tours, l'ombilic plus marqué, etc., la séparent toutefois de cette espèce et la rapprochent du groupe de l'*H. striata*, surtout de la forme nommée *H. meridionalis* Partsch, telle qu'elle

habite les îles joniennes (Coqu. d. Schläfli 8). Les stries rugueuses sont plus fortes et plus irrégulières, l'ombilic moins ouvert, la carène plus distincte, enfin l'ouverture plus inclinée, à bords bien plus rapprochés à leur insertion et prolongés dans le sens de la spire.

2) *var, major Mss. — major, depressior, anfractu ultimo minus deflecto, apertura latiore.*

Vue d'en haut on la prendrait pour l'*H. Meda* Porro. (Rev. zool. 1840. 126) (*subclausa* Rossm. Chemn. Ed. II. T. 119. f. 1—8) de la Sardaigne, mais l'ombilic ouvert et le rapprochement des bords l'en distinguent de suite. Elle est plus grande que la forme typique (13^{mm}) et ressemble encore plus à l'*H. meridionalis*, mais les mêmes caractères et la bouche plus élargie l'en séparent. Elle provient d'Es-Zenore.

13. Helix improbata Mss.

T. late umbilicata, convexo-depressa vel depressa, inequaliter fortiter striata, alba, grisea vel utrinque lineis punctulatis corneis picta. Spira vix convexiuscula, sæpe irregularis, summo griseo-corneo. Anfractus 5, supra planiusculi, infra rotundati, primi et medii distincte filo-carinati, ultimus irregulariter deflexus, angulo evanescente, rotundatus. Apertura subcircularis. Perist. rectum, intus filolabiatum, marginibus subapproximatis.

Diam. maj. 13 *Mm.* — *min.* 10,2 *Mm.* — *altit.* 7 *Mm.*

Rat. anfr. 3 : 7. — *Rat. apert.* 6. 5.

Je ne puis mieux caractériser cette espèce, qu'en la désignant comme l'intermédiaire entre l'espèce précédente et l'*H. meridionalis* Partsch., et en confessant mes doutes sur son indépendance. Vivant avec l'*H.*

Langloisiana aux environs de Jérusalem et partageant ses stries et sa coloration, elle semble constamment en différer par son ombilic bien plus large, sa spire moins élevée, son ouverture moins inclinée. D'un autre côté sa forme plus déprimée, sa striature plus irrégulière, les bords de l'ouverture plus convergents, enfin le caractère de la coloration doivent prémunir contre une identification immédiate avec l'espèce de Corfou. Ses rapports me semblent encore plus intimes avec la première qu'avec la seconde de ces deux espèces, et surtout à l'état juvénil, où l'ombilic est moins grand et la carène mieux développée, il devient presqu'impossible de les distinguer.

14. Helix crispulata Mn.

T. perforata, depressa, sublenticularis, cornea, opaca, ruguloso-striata, impressionibus obliquis piliferis prædita. Spira depresso-convexa, summo paulo prominente, sutura impressa. Anfractus 5, *plano-convexi, regulariter accrescentes; ultimus obtusissime angulatus, non carinatus, breviter descendens. Apertura in plano perobliquo, transverse lunato-ovalis. Perist. vix expansiusculum, intus albo-labiatum, marginibus sat approximatis; externo subrecto, acuto; columellari de basi breviter albo-reflexo, appresso, perforationem parvam semitegente.*

Diam. maj. 7. — *min.* 6. — *altit.* 4 *Mm.*

Rat. anfr. 3 : 1. — *Rat. apert.* 4 : 3.

Cette petite espèce, fort rare aux environs de Jérusalem, appartient au groupe bien remarquable, qui comprend entr'autres 1) l'*H. Parlatoris* Biv., formant passage au groupe de l'*H. villosa* (Rossm. Icon. N° 688), 2) l'*H. Reinæ* Ben. (Mal. Bl. 1856. 183. T. 2.

f. 14—17), toutes deux de la Sicile, 3) l'*H. ciliata* Ven., habitant la Ligurie, le Piémont et la France adjacente, la Lombardie, 4) l'*H. hispidula* Lam. (sec. Shuttw.), 5) l'*H. oleacea* Shuttw. (Diagn. n. M. I. 8), ces deux dernières des Canaries, enfin 5) l'*H. actinophora* Lowe de Madère (Alb. Malac. mad. 43. T. 2. f. 28—31). Elle se distingue des 4 dernières par l'absence de la carène, remplacée par un pourtour arrondi, à peine anguleux, et se rapproche le plus, à part cette différence, de l'*actinophora* dans sa variété subfossile. La forme générale, la perforation minime, la nature de la surface, le renversement du bord columellaire sont à-peu-près les mêmes; l'onverture est cependant un peu plus transverse, plus descendante, plus horizontale, la surface moins finement rugueuse, à squamules piliformes plus distantes, le bord est moins réfléchi et plus distinctement labié à l'intérieur. Elle ne peut-être confondue avec l'*H. ciliata*, qui est plus mince, qui a ses tours plus plats et régulièrement conique, un ombilic plus large, le bord de l'ouverture plus réfléchi et moins appliqué à l'endroit de la columelle. Cette espèce se présente comme le pion le plus avancé de ce groupe vers l'Est.

15. Helix tuberculosa Conr. — Spicil. 28. T. 1. f. 6. 7.

Je n'ai rien à ajouter aux judicieuses remarques de M. Roth sur cette espèce, que M. Bourguignat avait réunie à l'*H. Despreauxii* d'Orb. des Canaries (Cat. rais. 35), avec laquelle elle a bien des rapports. Les dernières collections de M. Roth la contiennent en nombre, toujours des alentours de la mer morte (de St. Saba) et en individus qui atteignent le diamètre et la hauteur de 17^{mm}. Alors elle se distingue par sa grandeur, l'espèce des Azores n'ayant que 8mm, par l'élévation de sa spire conique, par la rondeur de son dernier tour, sur lequel s'effacent la carène et les séries de tubercules. Les jeunes individus diffèrent par la hauteur de la spire, par les tubercules, relativement plus petits et plus allongés de la base, par l'absence presque complète de la seconde série de tubercules réguliers au côté supérieur des tours, caractère qui toutefois disparaît également dans la *Despreauxii* de Fuerta-ventura. — Une variété ou plutôt une mutation de l'*H. tuberculosa*, est plus acuminée, moins fortement rugueuse, et granuleuse, et, de plus, fortement colorée par des lignes ou bandes interrompues, foncées.

La plus proche parente de l'*H. tuberculosa* me paraît être l'*H. serrulata* Beck, qui se trouve à Alexandrie (Olivier) sur le bord du golfe arabique (Zollinger), dans le Sennaar (Cotschy). Elle est moins grande, s'arrondit plus vîte et ne présente à la base, au lieu de tubercules allongées, que des stries un peu rugueuses. Peut-être les observations ultérieures etabliront-elles la liaison des deux espèces.

16. Helix Ledereri Pfr. — Mal. Bl. III. 1856. 43. — Mon. IV. 150.

Var. regularis — spira depressa, non gradata, regularis, infra minus convexa.

Cette espèce fournit un exemple de la constance que peuvent acquérir certaines déviations de forme en certaines localités. M. Pfeiffer, en effet, porte au nombre des caractères essentiels de son espèce, provenant de Chypre, l'élévation de la spire en gradins. Ce caractère manque à la plupart des individus, non à tous, que M. Roth a ramassés en grand nombre à Iaffa, et cependant leur identité est parfaitement prouvée soit par l'accord complet de tous les autres caractères, soit par la présence non rare de formes intermédiaires. En outre M. Liebetrutt a recueilli à Beirut une forme de transition, nommée d'abord *H. torulosa* par M. Friwaldsky, qui les relie parfaitement. C'est la même forme que M. de Saulcy a rapportée de Beirut, ainsi que de l'intérieur du Liban, et que M. Bourguignat a inscrite dans son Catalogue (p. 34) comme *H. syrensis* Pfr., sans tenir compte des différences que l'auteur même des deux noms avait fait valoir. En effet l'*H. syrensis*, trouvée à Syra par plusieurs personnes (Forbes, Bellardi etc.) et par M. Liebetrutt à Zante est une petite coquille, à la vérité strio-costulée, mais peu crenelée, assez conique, à ombilic plus étroit et à base moins convexe que dans l'*H. Ledereri*, et qui forme passage au groupe de l'*H. conica*. Un autre rapprochement avec l'*H. setubalensis* Pfr. (Mon. Zeitschr. 1850. 1855. — Chemn. III. T. 132. f. 17. 18) ne nous paraît pas non plus justifié. Cette dernière est plus plate et lentiforme, ses stries et crénelures sont plus fines et régulières, sa base est moins convexe, son ombilic plus large; elle en diffère par conséquent en sens contraire. Comme chaînon entre le groupe actuel et celui de l'*H. striata*, nous nommerons enfin l'*H. crenimargo* Kryn. (H. *Piatigorkiensis* Bayer) du Caucase (Pfr. Mon. I. 174. — Chemn. II.. T. 36. f. 8. 9) qui se distingue par ses tours plus arrondis, la finesse de sa carène crenelée, la ténuité de ses côtes, sa forte coloration, qui cependant se repartit de la même manière que dans l'*H. Ledereri*. Au point actuel de nos connaissances il faut, je pense, considérer ces quatre formes comme des membres distincts d'un même groupe, sauf à les réunir lorsque les relations géographiques l'exigeront. Au même groupe appartiennent encore les *H. Shombrii* Scac. (Pfr. Mon. I. 444) et comme la plus planorbique et la plus irrégulière l'*H. Spratti* Pfr. (Mon. I. 174), toutes les deux de Malte, de Gozzo et de la Sicile (?)

17. Helix protea Zugs. — Rossm. Icon. II. f. 521.

Cette espèce, trouvée d'abord dans les îles joniennes et très bien décrite par M. Rossmässler, a été nommée par M. Bourguignat, je ne sais sur quel titre officiel, *H. campestris* Ziegl. (Cat. rais. 32). Elle appartient encore au groupe des *ericetorum* Müll. et *obvia* Hartm., qui dans les pays qui entourent la mer-noire développe une infinité de formes qu'il est impossible de débrouiller sur les seuls échantillons et sans le secours de données géographiques exactes. Cependant l'*H. protea* se distingue comme une forme limite de ce groupe par sa petite taille, par son ombilic plus résserré, sa forme plus conique, sa spire plus élevée. — Les plus grands échantillons ont 8^{mm} de diamètre sur 6 de hauteur et proviennent de Iaffa. Ils sont d'un blanc laiteux, à sommet presque noir, ce qui les distingue des échantillons joniques, quelques-uns ont des lignes ponctuées noires à la base; l'ombilic est moins pénétrant, à-peu-près comme dans l'espèce suivante. Les échantillons de Kamlch sont plus petits, mais parfaitement semblables. Il y a, comme on voit, des différences marquées d'avec l'espèce typique de Ziegler, et d'autres auteurs seraient plutôt tentés d'établir un parentage avec l'*H. vestalis* Parr. (Pfr. Mon. I. 170) qui, malheureusement, est assez mal définie, mais paraît avoir des tours plus dilatés, d'un ombilic plus large, d'un poli plus parfait. Pour ne pas augmenter la confusion des noms, je me contente de diagnoser notre forme, comme :

var. summo nigro, lactea, umbilico intus contracto.

Parmi les coquilles de l'Europe occidentale il n'y en a qu'une, qu'un observateur superficiel pourrait rapprocher de l'*H. protea*, c'est l'*H. gratiosa* Stud. (Verz. 14. — Pfr. Mon. I. 168), qu'on a réuni, à tort peut-être, à l'*H. candidula* du même auteur. Mais elle est plus fragile, en moyenne plus déprimée, moins luisante, plus striée, quoique moins que l'*H. candidula*, peu colorée au sommet et, dans le cas très rare où il y a dessin, munie d'une bande unique continue sur le pourtour. Les caractères de coloration ne sont pas à dédaigner dans un groupe, qu'il est si difficile à débrouiller.

18. Helix apicina Lam.

Il est intéressant de retrouver cette espèce, si particulière au bassin méditerranéen, encore Jérusalem. On ne l'avait reconnue jusqu'ici que jusque dans les îles joniennes et en Grèce.

19. Helix joppensis Roth. — Schmidt. Stylom. 29. — Pfeiff. Mon. IV. 140.

En proposant ce nom M. Roth a voulu retirer du chaos des Xérophiles une forme qui, en Syrie, acquiert une certaine importance, mais qu'il est difficile de bien différentier des formes semblables qui habitent d'autres contrées, savoir l'*H. obvia* Hartm. (Gaster. I. 148. T. 45) des provinces danubiennes, l'*H. candicans* Ziegl. (Pfr. Mon. I. 164. — Chemn. T. 38. f. 10—12) de la Lombardie, l'*H. dejecta* Jan. (Rossm. II. f. 520) de la Russie méridionale, l'*H. neg-*

lecta Drap. (108. T. 6. 12. 13) des côtes françaises et espagnoles, enfin de l'*H. Krynickii* Andrz. (Pfr. Mon. I. 162. Chemn. T. 38. f. 1—3) de la Taurie. Pour bien comprendre cette espèce, il ne faut pas se restreindre à la forme de Jaffa, que M. Roth avait sous les yeux après son seconde voyage, mais l'étendre à d'autres formes, que son dernier voyage a fait connaître. Les caractères essentiellement distinctifs de cette espèce se rapportent: 1) à l'ombilic, qui au premier tour est assez large, d'un sixième du diamètre, mais se contracte fortement à l'avant-dernier tour, comme on ne l'observe ni dans l'*H. neglecta*, ni dans l'*obvia*, ni dans la *candicans*. Parcontre, le dernier tour ne dévie point comme dans l'*H. Krinickii.* 2) A la surface qui, au lieu de présenter des stries d'accroissement faibles et irrégulières, est couverte, surtout vers le sommet, de stries régulières, finement costulées, assez analogues à celles de l'*H. Terwerii* Michd. 3) Enfin à la coloration. A Jaffa dominent de beaucoup les individus entièrement blancs, rarement on en trouve qui sont pourvus d'une ligne brune continue au-dessus du pourtour. Aux environs de Nazareth, mêlés à des individus blancs comme les précédents, il y en a beaucoup de colorés: en-dessous ils sont couverts d'une série (jusqu'à dix) de fines lignes plus ou moins interrompues dans le sens radial, en dessus d'une série de taches brunes bien tranchées, longeant la suture. L'*H. derbentina* Andrz. qu'on a voulu subordonner à l'*H. ericetorum* M. (Pfr. Mon. I. 163), mais qui possède l'ombilic de l'*H. obvia* Hartm., est la seule espèce de ce groupe, qui présente des taches suturales, mais elles sont mal définies et se fondent en une zone interrompue.

Je distingue deux variétés :

var. *multinotata* Mss., — *depressior, ruguloso-striata, in peripheria lineis obscura et alba circumdata, ad suturam transverse maculata, sæpe punctis et maculis diversis elegantissime seriatim ornata.* — *Diam. maj.* 17 *Mm.*

Au Liban et dans le pays autour de Jérusalem la coquille est un peu plus déprimée, le dernier tour plus large, la striature plus marquée, la coloration plus variée, du blanc uniforme au brun foncé, interrompu de blanc. La zone continue foncée, accompagnée en-dessous d'une bande blanche, ne manque jamais; les taches le long de la suture deviennent minces, se prolongent sous forme de virgules, souvent même en rayons fasciés; de plus, il y a des séries décurrantes pâles ou foncées, extrêmement élégantes, formées de petits points, de flèches, de chaînons, etc. J'avais cru reconnaître dans cette jolie coquille l'*H. Bargesiana* Bourg. (Amén. mal. 1856. 19. T. f. 12—14) qui doit lui être voisine, mais deux circonstances m'empêchent de les réunir, d'abord, ce que l'auteur dit sur la ressemblance de l'ouverture avec celle des Cyclostomes et le rapprochement insolite de l'insertion des bords (caractère qu'à la vérité la figure n'indique pas); puis, l'absence de cette espèce dans le riche catalogue des coquilles de M. de Saulcy, tandis, qu'à juger d'après les collections de M. Roth, notre forme doive être aussi fréquente que répandue en Palestine.

Var. *subkrynickiana* Mss., — *anfractibus supra minus convexis, zonis subcontinuis, striis levioribus, maculis suturalibus pallidis, umbilico paulo irregulari.*

Aux environs de Tiberias, au contraire, la forme de Iaffa passe à une variété qui rappelle l'*H. Krynickii* (Pfr. Mon. I. 162); cependant la striature, quoique plus faible, que dans l'espèce typique, reste encore visible, ainsi que la série des taches au bord de la suture. Elle se distingue, par son ombilic, lequel, en conséquence de la déviation du dernier tour, s'évase plus promptement, par des tours supérieurement moins et inférieurement plus convexes, par une suture moins profonde, par un dessin en bandes plus continues, dépourvu des lignes ornées de la var. *multinotata*. M. Boissier a reçu cette forme de Sajda.

Au reste, en établissant ses deux variétés, je prévois la possibilité, que des observations ultérieures leur assignent un caractère d'indépendance, que les données présentes ne sauroient encore justifier.

20. Helix neglecta Drap. — Drap. 108. T. 6. f. 12. 13. — Pfr. Mon. I. 164.

Parmi des individus de l'espèce précédente provenant de Tiberias il s'est trouvé, en quelques échantillons seulement, une coquille moitié plus petite, à ombilic plus régulièrement ouvert, à bandes assez continues, qui me paraît rentrer dans l'espèce de Draparnaud des côtes d'Italie et de la France. M. de Saulcy ne l'a pas rencontrée.

Le catalogue de M. Bourguignat nomme encore, comme provenant de la Palestine, les espèces suivantes: *H. ericetorum* Müll. (p. 30) (de Baalbeck), *H. caperata* Leach. (p. 33) (Jérusalem), *H. maritima* Drap. (p. 29) (Liban), *H. amanda* Phil. (p. 33) (Jérusalem). Je confesse concevoir quelques doutes sur la justesse de ces déterminations ou sur l'authenticité de l'origine des échantillons.

21. Helix Seetzeni Koch. — Zeitschr. 1847. 14. — Roth. Spicil. 9.

On est convenu maintenant de ranger sous ce nom une espèce qui par sa fréquence, son extension et sa variabilité de coloration remplace en Syrie l'*H. variabilis* Drap. et que M. Ferussac sans aucun doute aurait subordonnée à son *H. simulata* (Pr. 289. Pfr. Mon. I. 157). Malheureusement ce dernier nom, faute de diagnoses et d'échantillons authentiques et par suite de son application à des formes de la Grèce, de la Syrie, de l'Egypte, de l'Algérie, des Canaries, qui probablement ne sont pas toutes identiques, est tombé dans le vague, et il convient de restreindre le nom de *simulata* aux formes intermédiaires entre l'*H. cretica* Fer., caractérisé par son ombilic ouvert et profond, et l'*H. Seetzeni* à perforation, pour ainsi dire, fermée au second tour, la première provenant de la Grèce (Afrique, Crête, Syra, Rhodos, Naxos, Chypre), la seconde peuplant tout l'intérieur de la Palestine. Limitée de cette façon, il est actuellement impossible de préciser le domaine de l'*H. simulata* (je la possède de l'île de Chypre, du Liban, de Damas) et elle se présente plutôt comme un développement local de l'*H. Seetzeni*, que comme une espèce bien indépendante. Pour s'en convaincre, il ne faut pas se borner à quelques individus isolés, mais compulser les formes de nombreuses localités, comme le permettent les collections de M. Roth.

Nous distinguons trois variétés de l'*H. Seetzeni*.

1) *var. Sabaea* Boiss. — *Calcarea, sine nitore, præcipue unicolor, spira convexa, sæpe elevata, leviter sed regulariter striata; apertura intus pallide lutea, perist. intus late et obtuse labiata, margine columellari incrassato, anfractibus* 6—7.

Les échantillons les plus coniques, les plus épaissis au bord basal et columellaire, comptant jusqu'à 7 tours de spire et restant presque entièrement blancs, à l'exception de qnelques lignes grises interrompues sur les premiers tours, viennent du bord arabique de la mer morte. De l'autre côté de la vallée, à St. Saba, à Nazareth, et dans le val Kidron, les individus sont en général moins coniques, mais partagent la large labiation de l'ouverture.

2) *var. fasciata* Mss. — *Minor, depresso-globosa, fasciis subcontinuis griseo-fuscis,* 2—3 *superis, prima ad suturam, pluribus inferis, continuis vel interruptis, distinctis vel confluentibus; perist. leviter labiato, anfract.* 5½— 6.

Les bandes presque continues, d'un brun vif, dont la dorsale et la suturale sont les plus constantes, la grandeur moyenne, les stries bien distinctes, les bords moins épaissis la caractérisent et indiquent un développement moins exposé que ce n'est le cas pour la première variété. Dans la vallée du Bas-Kidron les deux variétés passent l'une à l'autre; de même dans celle du Jordan.

3) *var. subinflata* Mss. — *Spira optuse-depressa, anfractu ultimo subinflato; testa tenuiore, diverse sæpe utrinque variegata, griseo-fusca vel pallide hepatica, zonis et maculis albis ornata.*

Dans presque toutes les Xérophiles on remarque deux modes de coloration, l'un à zones tranchées sur un fond blanc, l'autre comme formée par une diffusion de la substance colorante, à teinte pâle mais générale, et à dessin vague et incertain. C'est ce second aspect que présente surtout cette troisième variété, qui en outre est la plus obtuse au sommet, la plus renflée au dernier tour, la moins épaissie aux bords de l'ouverture. La couleur à l'état bien frais hépathique, se change à l'air et au soleil en une teinte brun-violacée. Cette variété se rencontre sur les deux bords de la mer morte, notamment à Engeddi et à Marsaba. Je l'ai également reçue comme *H. simulata* de Bethlehem; M. Roth l'a trouvée sur le Jourdain, enfin plus au nord à Nazareth. Les trois formes indiquées se confondent si souvent qu'elle ne peuvent être séparées; les deux dernières se rapprochent de l'*H. simulata*, la première du groupe de la *candidissima*.

22. H. pisana Müll. — Roth Spicil. 25. — Bourg. Cat. 27.

Elle paraît suivre toute la côte de la Syrie jusqu'en Egypte, en maintenant avec une constance remarquable toutes ses particularités, en opposition à ce qui arrive à l'autre extrémité de son domaine, aux îles Canaries. C'est le contraire de ce que présente l'espèce suivante, pour laquelle la Palestine devient un centre de modifications de premier ordre.

23. Helix candidissima Drap. — Roth Spicil. 29. — Coqu. d. Bell. Bourg. Cat. 10.

Cette espèce, un fidèle habitant des pays méditerranéens, n'atteint en Palestine, où elle est assez répandue, à peine une taille moyenne, malgré l'influence ailleurs si propice du soleil et de la sécheresse. Il y a même une variété que nous devons caractériser comme

var. minuta — Diametro majore vix 18 *Mm., regione umbilicari impressiuscula, umbilico vix tecto, nucleolo spiræ sæpe corneo.*

Ces caractères ne suffisent pas à justifier l'établissement d'une nouvelle espèce, d'autant moins qu'en d'autres localités que Iaffa, d'où provient cette variété, par exemple à Marsaba et aux environs de Jérusalem même, se trouvent également des individus isolés, qui en approchent, si non l'atteignent en petitesse.

24. Helix candidissima Drap.

var. *hierochuntina* Boiss.

M. Boissier avoit détaché cette forme de l'*H. candidissima* sur un seul caractère, savoir la surface non ridée, mais granuleuse ou tuberculeuse des premiers tours qui suivent le nucleolus. Quant au reste de la coquille, il est impossible de découvrir la moindre différence. Toutefois si cet unique caractère était bien stable et persistant il pourrait peut-être convenir de lui attribuer une valeur spécifique; mais les faits ne semblent pas appuyer cette supposition. A la vérité, il paraît qu'aux environs de Damas et même de Iéricho la vraie *hierochuntina*, quoique variable dans sa granulation, domine exclusivement; en même temps la coquille est petite (de 19 à 22^{mm} de diamètre) et d'un blanc sale; à Marsaba parcontre, ainsi qu'aux environs de Jérusalem, on rencontre de nombreux intermédiaires entre les types classiques des deux formes, ce qui indique une relation au degré de la variété. Nos distinctions n'ont de la valeur, qu'autant qu'elles répondent aux données de la nature et doivent fléchir sous le commandement des faits.

25. Helix fimbriata Bourg. — Test. nov. 11. — Journ. d. Conch. 69. T. 3. f. 9. — Cat. rais. 10. T. 1. f. 17—19.

C'est une des charmantes espèces dont on doit la connaissance à M. Bourguignat et qu'il a parfaitement décrites et bien figurées. Sa petitesse, rappelant la *candidissima minuta* de Jaffa, ses tours aplatis, à carène denticulée et relevée, sa surface rude ou granuleuse jusqu'au dernier tour, sa petite ouverture etc., justifient amplement sa séparation de l'espèce de Draparnaud. M. Roth l'a recueillie en des lieux très exposés à Marsaba; M. de Saulcy et anciennement Olivier l'avoient également rapportée du littoral de la mer morte. Elle vit mêlée à la *candidissima*, sans s'y assimiler.

26. Helix prophetarum Bourg. — Test. nov. 12. — Journ. d. Conch. 70. T. 3. f. 8. — Cat. rais. 11. T. 1. f. 20—22.

Elle forme le pendant de la précédente, mais en divergeant dans le sens contraire de la *candidissima* typique. Une forme déprimée, des tours, quoique peu convexes, néanmoins réguliers et dépourvus de carène relevée, une surface presque lisse, faiblement striée, une base moins convexe à ombilic peu enfoncé et calleux, des bords épaissis, reliés par une callorité, etc., la caractérisent suffisamment. Comme M. de Saulcy, M. Roth a rencontré cette jolie espèce aux alentours de Jérusalem.

27. Helix Boissieri Charp. — Zeitschr. 1841. 133. — Cat. rais. 12. — Chemn. 11. T. 44. f. 8. 9.

Je n'ai rien à ajouter sur cette curieuse espèce, dont la répartition sur le pourtour de la mer morte a surtout été reconnue par MM. Boissier, Seetzen et de Saulcy. Il mérite d'être mentionné que parmi une quantité d'individus blancs uniformes, il s'en trouve quelques-uns, dont toute la spire jusqu'à la circonférence du dernier tour est faiblement colorée en brun, comme le présente souvent l'*H. boetica* Rossm. de l'Espagne (Icon. III. f. 812. 813).

28. Helix filia Mss. — Nov. spec.

T. imperforata, depressa, solida, cretacea, striatula, nitidiuscula. Spira convexo-depressa, nucleolo paulo inflato, sutura mediocri. Anfractus 5, primi regulariter striati, interdum pallide maculati, vix carinati; ultimus ungulo evanescente, subito breviter descendens. Apertura valde contracta, satis obliqua, parva, oblique securiformis, latere recto sinuata. Perist. album, calloso-marginatum, ad insertionem superam, cum tuberculo parietali unico confluentem, incrassatum, ad sinum tenue; margine basali æqualiter arcuato; callo umbilicari tenui in tuberculum extenso.

Diam. maj. 16. — *min.* 13,5. — *altit.* 13 *Mm.*
Rat. anfr. 16 : 9. — *Rat. apert.* 8 : 5.

Encore une nouvelle espèce, bien distincte, qui se place entre l'*H. prophetarum* Bourg. et l'*H. Boissieri* Charp. Vue du sommet ou du côté dorsal, on la prendrait pour la première, tandis que les particularités de l'ouverture la rapprochent beaucoup plus de la seconde. Elle s'en distingue cependant par sa petite taille; sa forme déprimée, sa bouche moins grimaçante, son tubercule pariétal moins développé, son bord basal régulièrement concave jusqu'au sinus, tandis qu'il est renflé et relevé dans la Boissieri, enfin par son sinus moins profond, plutôt anguleux. En les comparant, personne ne pensera à réunir ces deux formes. M. Roth n'a trouvé cette espèce qu'à Es-Zonere, sur la mer morte.

29. Helix cariosa Oliv. — Pfr. Mon. I. 204. — Roth Spicil. 30. — Coqu. d. Bell. 44. — Bourg. Cat. 10. — Amén. II. T. 18. f. 12. 13.

Il faut considérer comme type de cette espèce,

caractéristique pour la Syrie, la forme de Beirout, qu'Olivier avait connue. On peut alors, grâce aux belles séries recueillies par M. Roth, en séparer trois variétés locales, assez marquées, qu'on serait tenté d'ériger en espèces, si la variabilité des types n'était pas en raison directe avec le degré plus ou moins exagéré de leurs caractères. Les formes carènées, denticulées, ridées, calleuses, en général accidentées, sont bien plus sujettes à varier que les espèces simples et régulières. — Ces variétés sont:

1) var. *amphicyrtus*, que M. Bourguignat dans sa productivité illimitée a de suite érigée en espèce (Amén. II. 144. T. 18. f. 10. 11), mais qui se lie par toutes les formes intermédiaires au type. Elle provient également des environs de Beirout.

2) *var. nazarensis* Mss. — *Spira convexo-semiglobosa, umbilico paululum minori, anfractibus convexiusculis, carina in anfractu ultimo angulosa, superficie undique granulata.*

Cette forme domine près de Nazareth et se différencie du type, comme on voit, par un affaiblissement de tous les caractères qui tiennent à la carène

3) *var. crassocarina* Mss. — *Major (20 Mm.), summo valde depresso, anfractibus primis planis, sutura lineari, sequentibus ad suturum convexiusculis, ad carinam excavatis; superficie ruditer rugulosa; carinis duobus crassis, ad peripheriam et circum umbilicum abruptum; basi plana vel plano-conica.*

Cette variété dévie du type dans le sens contraire. Le sommet, c'est-à-dire les 2 ou 3 premiers tours, sont tout-à-fait plats; les suivants plutôt creusés, que convexes; la base est entièrement plane ou relevée en cône vers l'ombilic, et limitée par deux grosses carènes, l'ombilicale n'étant guère moins marquée que celle de la périphérie; l'ombilic est ouvert, presque cylindrique. J'avais d'abord pris cette forme, qui se trouve en quantité aux environs de Tiberias, pour une nouvelle espèce, mais la présence de formes intermédiaires parmi les échantillons du Liban m'engagent à la réunir à l'espèce d'Olivier. En somme, cette variété constitue un premier jalon vers l'espèce la plus curieuse de ce groupe, l'*H. turcica* Chem. (Pfr. Mon. I. 171) dont la patrie n'est qu'incertainement connue.

30. Helix arabica Roth. — Dissert. 10. T. 1. f. 16. — Pfr. Icon. I. 343.

Sans décider si les différentes formes, que M. Roth a réunies comme variétés sous le nom de *desertorum* Forskal, appartiennent réellement à une espèce unique, ce qui ne me paraît point encore prouvé, il n'en est pas moins vrai, que ces formes tiennent à certaines contrées et que c'est de l'étude de leur relations géographiques, qu'on devra attendre la connaissance de leurs affinités naturelles. La forme, qui domine au Midi et à l'Est de la mer morte, est l'*H. arabica* Roth, caractérisée par sa spire assez déprimée, ses tours obtusement anguleux au pourtour, s'élevant quelque peu en gradins, sa surface grossièrement et fortement striée, son ouverture en trapèze arrondi, sa columelle s'approchant de la verticale comme dans l'*H. pisana* etc. Les autres formes voisines appartiennent à l'Arabie et non à la Syrie.

31. Helix genezarethana Mss. — Nov. spec.

T. mediocriter umbilicata, carinata, convexo-lenticularis, depressa, dense membranacea, subpellucida, levis, striata, minutissime et elegantissime granulata, concolor, fulvicans seu pallida, sine nitore. Spira obtuse conica, sutura lineari. Anfr. 5 1/2, *plani, carinati; ultimus non descendens, subtus valde convexus, in umbilicum subinflatus. Apertura non obliqua, subsecuriformis. Perist. simplex, margine supero recto, subobtuso, infero tenuiter expanso et labioto, columellari ad umbilicum late reflexo.*

Diam. maj. 22. — *min.* 19. — *altit.* 11 *Mm.*

Rat. anfr. 15 : 6. — *Rat. apert.* 14 : 9.

Une belle espèce, qu'il est étonnant de ne pas trouver décrite; elle provient de la vallée de Tiberias qui a fourni la plupart des nouvelles découvertes de M. Roth. Quant à la forme elle se lie de loin, mais de loin seulement, à l'*H. nummus* Ehrbg. (*H. oxygira* Boiss.) (Pfr. Mon. I. 209. — Chemn. II. T. 151. f. 18—20). Elle est cependant plus grande, plus globuleuse, renflée à la base, moins largement ombiliquée d'un aspect de parchemin, munie d'une carène plus obtuse et plus forte, mais unie, présentant la couleur uniforme de l'*H. berytensis* (v. N° 10), dont elle partage également la sculpture, étant couverte en entier d'une infinité de petites granules, à peine visibles à l'œil, mais régulièrement réparties. Parmi les espèces de l'Europe et de l'Orient il n'en a aucune qui puisse être confondue avec elle, ni même lui être rapprochée La seule proche voisine est une espèce non publiée, dont M. Dubois a découvert quelques individus à Nikolakewi en Mingrélie et qui se trouve dans quelques collections sous le nom de *H. Jasonis* Dub. Celle-ci est encore plus grande (22^{mm}), plus largement ombiliquée, moins boursouflée, surtout à la base, fortement striée, presque costulée, sans granulations distinctes, quoique matte, munie d'une carène blanche plus proéminante, plus mince, mais à bord basal plus fortement réfléchi. — Pour trouver des formes analogues à ces deux espèces, il faut traverser le continent asiatique; on ne peut méconnaître les affinités d'une part avec l'*H. elegantissima* Pfr. (Mon. III. 253. Revue conch. 181) de Liewkiew, de l'autre avec les espèces indiennes *H. gabata* Gld. (Pfr. Mon. III. 253. — Chemn. ed. II. T. 159. f. 15—17) et *merguiensis* Phil. (Pfr. Mon. I. 397. — Chemn. T. 106. f. 7. 9); cependant elles ont toutes trois un caractère exotique qui les en sépare.

32. Helix cavata Mss. — Coqu. Bell. 21. — Roth. Spicil. 30. — Bourg. Rev. zool. 1860. N° 4. 164. T. 5. f. 5.

M. Roth dans son Spicil. confirme pour cette espèce, la plus fréquente de ce groupe aux environs de Jérusalem, les différences, que j'avais indiquées d'avec la *H. figulina* Parr. M. Bourguignat dans son Catalogue (p. 15. T. 1. f. 44. 45) l'avait encore subordonné à cette dernière espèce (dont il l'a séparée plus tard) en la nommant *var. albidula*, couleur qu'elle présente en effet dans cette localité; mais les faits ne me paraissent pas suffire à démontrer ce rapprochement, et il vaut mieux la considérer comme une des nombreuses formes, plus ou moins bien caractérisées, qui attendent leur vraie valeur d'une connaissance plus complète des rapports géographiques.

33. Helix Engaddensis Bourg. — Test. nov. 11. — Cat. rais. 15. T. 1. f. 42. 43. Revue zool. 1860. N° 4. p. 162. T. 8. f. 6—8.

Ce n'est qu'avec quelque hésitation que j'applique un nom peu connu, proposé pour une espèce du bassin de la mer morte, à une forme de Jaffa, qui a tant de rapports avec la précédente, qu'on serait tenté de l'y réunir comme variété. Elle en diffère par son test moins calcaire, ses fascies distinctes et continues, ses stries décurrentes à la partie supérieure des tours, son ouverture une idée plus large. Elle ressemble assez, à l'exception de l'ouverture qui est moins allongée, à la figure de l'*Engaddensis*, que par malheur l'auteur (p. 83) déclare ne pas être exacte. Cette circonstance, la moindre grandeur (30^{mm} seulement), la tenuité, malgré les fortes stries, la columelle peu refléchie me laissent pour le moment en suspend. Récemment M. Bourguignat a signalé (Rev. zool. 1860. 162) une variété blanche venant de Nazareth.

34. Helix prasinata Roth. — Spicil. 31. T. 1. f. 1, 2.

Le dernier séjour de M. Roth à Tiberias a fourni plusieurs échantillons de cette espèce, encore très voisine des précédentes, mais qu'il a cru devoir en séparer. Elle se place entre l'*H. Engaddensis* et l'*H. aperta* Born (*naticoides* Drap.). Quoique plus mince et plus renflée en travers de l'ouverture que la *cavata*, elle l'est moins que l'*aperta*; sa spire, élevée en cône assez prononcé, est également intermédiaire, ainsi que la surface, qui sous une forte épiderme luisante et uniforme présente une couche calcaire assez sensible. Dans l'ordre de leurs affinités ces espèces se rangent de la manière suivante: 1) *H. figulina* Parr., 2) *cavata* Mss., 3) *Engaddensis* Bourg.? 4) *prasinata* Roth, 5) *aperta* Born.

35. Helix pachya Bourg. — Rev. zool. 1860. N° 4. 163. T. 5. f. 6–9.

T. magna, solida, obtecte perforata, elongato-glo-

bosa, subacute striata, epidermide fusca fugaci vestita, albida, fasciis 3—5, mediis latis, ornata. Spira regularis, subelevata; nucleolo parvo, corneo; sutura irregulariter crenulata. Anfractus 5 1/2 celeriter acrescentes, non multo convexi, primi lævigati, medii fortiter striati et lineis decurrentibus reticulati; ultimus magnus, non inflatus, vix descendens. Apertura 2/3 altitudinis æquans, vix in axem obliqua, lunato-oblonga, intus violaceo-grisea, fasciis translucentibus. Perist. vix expansiusculum, obtusum, late albolabiatum; margine dextro minus, basali magis curvato; columellari subverticali, late colloso-deflexo, a dextro subremoto.

Diam. maj. 40. — *min.* 36. — *altit.* 56 *Mm.*

Rat. anfr. 21 : 13. — *Rat. apert.* 18 : 13.

Avant de connaître le travail de M. Bourguignat sur les Hélices du groupe de la *pomatia* (paru en février et avril 1860), j'avais reconnu cette espèce comme nouvelle et l'avais nommée *H. texta*, nom qui, n'étant pas publié, doit le céder à celui de *pachya* Bourg. Je laisse cependant ma diagnose, la croyant à quelques égards plus complète que celle de l'auteur cité. J'ai d'abord des individus qui atteignent 56^{mm}, au lieu de 35; de plus, ils présentent tous, à côté des fortes stries d'accroissement, presque pliciformes et *peu* irrégulières, surtout sur les tours moyens, des stries décurrentes très marquées, croisant les premières. L'ouverture, comme l'indique fort bien la figure, mais non le texte, se distingue surtout par sa grande hauteur, par sa columelle qui se rapproche de la verticale, par sa large labiation blanche, enfin par ses bords *peu* rapprochés, pas plus que dans l'*H. pomatia.* Malgré ces différences, la figure très fidèle et l'identité de la localité, Tiberias, ne laissent pas de doute sur la détermination de cette espèce.

La multiplication des espèces est certes un grand inconvénient pour la science et bien souvent un aveu d'incapacité à saisir les rapports qui les unissent; cependant lorsqu'il devient impossible de ranger une forme sous les diagnoses admises, sans en altérer essentiellement le sens, il ne reste au Malacologue, même le plus consciencieux, pas d'autre parti que de proposer un nouveau nom. C'est ce qui est arrivé pour l'espèce présente, qui ne se lie distinctement à aucune autre du même groupe. Le temps viendra, peut-être, où la limitation de l'espèce, c'est-à-dire son association et sa séparation par rapport à d'autres formes voisines, ne reposera plus sur une appréciation vague et arbitraire des différences, mais sur les transitions graduelles et les séparations tranchées que présente la nature même. Alors seulement le nombre infini des espèces, consistant en grande partie en développements locaux, pourra se réduire à un moindre nombre de types naturels. Pour le moment encore, le travail du Malacologue doit surtout consister à bien préciser les formes distinctes et à en fixer exactement le domaine. Sous ce dernier rapport il y a malheureusement beaucoup d'inexactitude dans les indications des voyageurs. Que penser, par exemple, en voyant citer l'*H. lactea* Müll. pour l'île de Rhodes, l'*H. cirtæ* Terv. pour Syra et Chypre, l'*H. zaffarina* Terv. pour Syra et Rhodes, l'*H. alabastrites* Mich. pour Chypre? (Bourg. Cat. 16–18). L'apparition subite de toute une faune algérienne sur plusieurs points, visités naguère par des naturalistes consciencieux, dans diverses îles, qui jouissent de conditions climatériques bien différentes de l'Algérie, est un fait trop exceptionnel pour être admis. A moins d'une simple confusion d'étiquette, le fait ne saurait s'expliquer que par une introduction artificielle dans les temps récents.

M. Bourguignat cite pour la Syrie encore deux grandes espèces de *Pomatia*, l'*H. cincta* Müll., qu'il regarde comme identique avec l'*H. grisea* Linn. et l'*H. ligata* Müll. (Cat. rais. 13. 14). Ni M. Bellardi, ni M. Roth, dans ses trois voyages, n'ont rencontré ces deux espèces aux environs de Jérusalem, ce qui permet de douter de leur existence en ce lieu. La seule coquille analogue qui habite la Syrie — et probablement uniquement dans ses parties les plus boréales, est l'*H. solida* Zglr., qu'on a voulu subordonner à l'*H. grisea* Linn., nonobstant son port différent, son ouverture moins inclinée, sa columelle incolore. M. Bourguignat lui a récemment octroyé le nouveau nom de *H. asemnis* (Rev. zool. 1860. 159. T. 8. f. 4. 5).

36. Helix cæsareana Parr. et

37. Helix spiriplana Oliv. — Coqu. d. Bell. p. 34. 44. — Roth Spicil. p. 32. 33.

Dans le catalogue des coquilles de M. Bellardi, j'ai indiqué les raisons qui m'empêchaient de reconnaître dans aucune des deux espèces dont il s'agit, lesquelles habitent en nombre les environs de Jérusalem, la vraie *H. guttata* d'Oliv., nom sous lequel récemment encore M. Bourguignat (Cat. rais. p. 14) les a toutes deux englobées.

Parcontre M. Roth, dans son Spicilegium, a adopté ma manière de voir, ainsi que la séparation des deux formes, l'une plus globuleuse, à ombilic étroit et fermé, habitant selon lui les lieux exposés, l'autre plus déprimée, à ombilic ouvert, aimant les endroits ombragés. Après ce témoignage, fondé sur l'observation directe des animaux vivants, en des milliers d'individus, il me semble superflu de revenir sur la détermination et la distinction de ces deux formes; il suffit de dire qu'un œil attentif découvre dans ces coquilles, en apparence si semblables, un ensemble de caractères distinctifs entièrement constants. Au premier abord l'*H. spiriplana* varie beaucoup par rapport à l'ouverture de l'ombilic, mais la cause en est moins dans l'ombilic même qui régulièrement surpasse celui de l'*H. cæsareana*, que dans l'extension fort inégale suivant les individus du bord columellaire. Un autre caractère, que j'ai vérifié sur un grand nombre d'échantillons, pourvu que la coquille ne soit ni artificiellement frottée, ni naturellement usée, concerne la surface des premiers tours nucléolaires: elle est presque lisse et striée en travers dans l'*H. cæsareana*, peu striée mais granuleuse ou finement rugueuse dans l'*H. spiriplana*. En général, il me semble qu'on est autorisé de mettre une certaine valeur aux caractères du nucleus, lorsqu'il s'en présente d'un peu marqués, attendu que cette partie de la coquille, préservée dans l'œuf des influences extérieures, est un produit plus pur des fonctions vitales de l'espèce, que le reste du test. Malheureusement les caractères superficiels du nucleus sont rares, ils s'effacent facilement par suite de leur délicatesse et échappent alors à l'observation.

Parmi les nombreux exemplaires de l'*H. cæsareana* de grandes dimensions, provenant de Jérusalem, du Liban et de Sajda, il s'en trouve de Narsaba, d'une taille beaucoup moindre, que je nomme

Var. nana Mss. *minor (diam. maj.* 30 *Mm, altit.* 17 *Mm.) subtilior, nucleolo nitido, maculis pallidis.*

Cette variété se comporte par rapport à la grande forme des environs de Jérusalem, comme l'*H. spiriplana var. typica* de Rhodes et de la Crête à l'égard de la *var. hierosolyma* Boiss. de la Palestine. Ces changements considérables des dimensions annoncent le voisinage ou l'approche de la frontière géographique de l'espèce.

38. Bulimus labrosus Oliv. — Voy. T. 3. f. 10. — Coqu. de Bell. 44. — Roth Spicil. 38. — Bourg. Cat. rais. 37.

Grâces aux belles séries recueillies par M. Roth, je n'ai plus de doute sur la réunion du *B. Jordani* Charp. (Zeitschr. 1814. 141) au *B. labrosus* Oliv. (Pfr. Mon. II. 64). Le premier est dans la vraie acception du mot une variété du second ; chacun a son domaine ou son terrain qu'il occupe exclusivement, mais en outre il y a des lieux, où les formes se mêlent et se transforment graduellement. Le *labrosus* est la forme la plus répandue, dans le Liban, près de Jérusalem, à Iaffa, à Sidon, etc.; la *var. Jordani* habite surtout la vallée du Jourdain, depuis Tiberias (Roth) jusqu'à sa source près de Banias (Boissier). M. Bourguignat ne faisant pas de distinction entre les deux formes, il n'est pas possible de classer les localités, indiquées par M. de Saulcy. Comme points où il y a mélange, on peut nommer quelques parties du Liban, puis la contrée de St. Philippe, non loin de Jérusalem.

Nous distinguons encore une seconde variété, également des environs de la sainte cité et qui diffère du type par les caractères suivants :

Var. d i m i n u t u s Mss. — *minor (long. 22, lat. 12 Mm.) obtusior, nitidus, apertura spiram fere æquante, paulo latiore.*

Quant à la forme elle est intermédiaire entre les deux autres, quant à la taille parcontre moyenne entre le *B. labrosus* et l'*halepensis* Pfr. (Alepi Fer.). La surface est moins striée, plus glabre que dans les deux autres formes; l'ouverture, relativement grande, atteint presque la moitié de toute la longueur et a la forme un peu élargie du *Jordani*, tandis que les tours sont un peu convexes, comme dans le vrai *labrosus*. Le *B. lycicus* Pfr., que je n'ai pas vu en exemplaires authentiques, a la grandeur de notre variété, mais en diffère par sa forme plus régulièrement amoindrie, sa couleur dorée, la forme de l'ouverture, le faible callus intermarginal, etc.

39. Bulimus halepensis Pfr. — Pfr. Mon. II. 66. — Rev. N° 413 T. 60.

Dans la série cette espèce suit la variété précédente du *B. labrosus* et s'en rapproche, à part sa petitesse, par la plupart de ses caractères. Il est cependant plus allongé, plus cylindrique, il a son dernier tour moins étiré et la ligne extérieure du bord columellaire non courbée vers l'insertion du bord droit. Le péristome, du moins dans tous les échantillons dc M. Roth, provenant de Marsaba, se réfléchit relativement, contrairement à ce que disent les diagnoses, tout aussi largement que dans l'espèce précédente. La longueur varie de 13 à 18^{mm}.

40. Bulimus carneus Pfr. — Mon. II. 66. — Phil. Icon. II. T. 4. f. 5.

Var. g l a b r a t u s Mss. — *tenuis, fragilis, glaberrimus, lacteo-translucens (in statu mortuo), mar-*

gine aperturæ filoso-reflexo, non interrupto, ad insertionem columellarem sensim incurvato.

Le groupe de Bulimes, dont font parties les N° 38–40, est un de ceux qui dans la Syrie subit de nombreuses transformations, qu'on est embarassé de grouper naturellement. La forme actuelle, trouvée à Es-Zenore est de ce nombre; aussi dois-je me contenter, jusques à plus amples informations, à le considérer comme une variété du *B. carneus* Pfr. Il en emprunte en effet la forme totale, le nombre des tours (8–9), la suture marginée, la columelle peu plissée. Le test parcontre est plus mince et délicat, bien plus brillant et d'une couleur blanc laiteuse, qui provient sans doute de l'état mort des échantillons. La partie la plus particulière est toutefois l'ouverture, dont le bord n'est formé que d'un fil arrondi blanc, qui continue en courbe régulière de la columelle sur la callosité de l'avant-dernier tour jusqu'à l'insertion droite; tout le contour se trouve en un même plan, ce qui donne à l'ouverture quelque chose de délicat et d'élégant. En subordonnant cette forme à l'espèce lycique, je me fonde sur la présence d'une coquille identique dans l'île de Chypre, coquille que j'avais reçue sous le nom erronné de *B. sagax* Friw. (Pfr. Mon. IV. 427) qui appartient à une espèce sénestre d'Amasia.

41. Bulimus sidoniensis Fer. – Charp. Zeitschr. 1847. 141. – Coqu. de Bell. 43. – Roth Spicil. 22. Bourg. Cat.

Ce Bulime a souvent été confondu avec le *B. syriacus* Pfr. (Mon. II. 66), nonobstant les différences très saisissables qui existent entr'eux. Le dernier est plus grand; ses tours sont plus unis, à la base presque un peu anguleux, ce que le premier ne présente pas; sa couleur est un blanc cérulescent, tandis que le *sidoniensis* reste d'un corné pâle ou grisâtre; son ouverture est plus grande comparée à la longueur de la coquille, quoique d'une forme assez semblable.

Suivant M. Bourguignat les deux espèces doivent être assez communes aux environs de Jérusalem; il est curieux que M. Roth, dans aucun de ses voyages n'ait jamais rencontré le *B. syriacus*, tandis que le *sidoniensis* (Spic. 38) se soit présenté en nombre, à moins qu'il l'ait confondu, ce qui me paraît probable, avec le vrai *eburneus* (Spicil. 38), qui habite les bords de la Mer-noire.

Ces deux espèces au reste se lient aux *B. Kotschyi* Pfr. (Mon. IV. 415) de l'Asie-mineure et au *B. monticola* Roth (Mal. Bl. III. 1856. T. 1. f. 45) de la Grèce et par leur intermédiaire au petit groupe caucasique du *B. merdwenianus* Kryn. (Pfr. Mon. II. 119), *caucasicus* Pfr. (Mon. III. 352) et *gibber* Kryn. (Rossm. I. f. 389), qui tous partagent le grand rapprochement des bords de l'ouverture, mais manquent de pourtour largement réfléchi et de callosité sur l'avant-dernier tour.

42. Bulimus Benjamiticus Benson. — Ann. and Mag. of nat. hist. Maj. 1859. 8.

De ses voyages dans la Trans-Caucasie, spécialement du Somketh, M. Dubois a rapporté un petit Bulime qui, en miniature, ressemble un peu au *B. merdwenianus* Kryn., que nous venons de citer. Ne le trouvant pas décrit, je lui avais donné dans ma collection le nom de l'infatigable voyageur qui l'a découvert. Mais quelle a été ma surprise de retrouver dans les collections de M. Roth quelques rares échantillons d'une petite coquille, recueillie aux environs de Jérusalem, qui ne saurait en être distinguée, à part une légère différence de grandeur. Jusqu'ici on ne connaît, abstraction faite de quelques espèces pour ainsi dire cosmopolites, que très peu de formes identiques entre la faune caucasienne et la syriaque, de sorte que l'exemple bien constaté d'une espèce, qui probablement traverse toute la partie orientale de l'Asie-mineure, mérite quelque attention.

Ce Bulime, que M. Benson a décrit sous le nom de *Benjamiticus*, ressemble par rapport à sa forme turroconique, ses tours presque ronds, son ouverture presque entière, par suite du rapprochement des bords, à l'espèce de Krynicki; mais il est 3 à 4 fois plus petit, plus élancé, plus fragile, en somme, assez différent.

43. Chondrus attenuatus Mss. — Coqu. de Bell. 36. T. 1. f. 7. — Roth Spicil. 35.

Il est difficile de comprendre que M. Bourguignat puisse affirmer l'identité parfaite de cette espèce de la Syrie avec le *B. obesatus* W. et B. (non Férussac) des Canaries (Cat. rais. 39), tandis qu'on a détaché de ce dernier des formes qui en diffèrent beaucoup moins. La comparaison de nombreuses séries des deux espèces m'a de nouveau convaincu, — M. Roth à cet égard s'est rangé de mon côté (Spicil. 25) — que la ressemblance était plus apparente que réelle, et que les raisons, au moyen desquelles j'avais motivé leur séparation, étaient fondées. L'espèce de Syrie notamment est entièrement dépourvue de ces rides et granulations pustuleuses transverses qui, à la loupe, caractérisent le groupe canarien; en revanche elle a des lignes décurrentes, tantôt rares, tantôt nombreuses, qui manquent à l'*obesatus* et ses congénères.

M. Pfeiffer joint l'espèce présente à son *B. Ehrenbergi* (Mon. II. 127. IV. 426). Si j'hésite à adopter ce nom, s'est uniquement en vue de la localité indiquée pour ce dernier. Il me semble en effet peu probable, d'après ce que je sais de la faune grecque et ïonienne, qu'on rencontre à Cerigotto autre chose que des grandes formes du *Ch. pupa* Lin.

L'espèce de la Syrie me semble devoir se placer à la tête du sous-genre *Chondrus*, avant le *Ch. pupa* Lin. Elle traverse toute la Palestine, de Jérusalem à Damas (Kindermann), et s'est retrouvée en Chypre (Bellardi). Sa grandeur est assez variable, ainsi que la forme plus ou moins tuberculée de la columelle et que le développement de la sculpture; mais on manque de données suffisantes pour le subdiviser, même en variétés locales. Je doute beaucoup de l'indépendance des deux formes que M. Bourguignat a nommé *B. episomus* et *pseudoepisomus*, qui, peut-être, ne sont pas même de bonnes variétés, (p. 29. Amén. II. 26. 27. T. 3. f. 5–7 et 8–10).

44. Chondrus septemdentatus Roth. — Diss. 19. T. 2. f. 2. — Pfr. Mon. III. 358. — Rossm. III. f. 922.

Le groupe oriental, auquel appartient cette espèce, est un des plus difficile à démêler et cependant, à moins d'abandonner toutes les différences existantes, il ne me semble pas permis, comme le fait M. Bourguignat (Cat. rais. 41), de le réduire à deux espèces uniques, l'une dextre, le *B. ocularis* Oliv., l'autre sénestre, le *B. Saulcyi* Bourg. Nos moyens d'investigation sont si bornés, notre estimation de la valeur des caractères est si arbitraire, notre jugement si dépendant des apparences, souvent trompeuses, qu'il devient de la plus grande importance de consulter, à côté des particularités du test, les rapports de vie et de distribution. Deux formes, quelque voisines qu'elles soient, qui vivent depuis des siècles en un même lieu, ou dont les domaines se touchent immédiatement, sans jamais développer des formes intermédiaires, ni modifier leurs caractères mutuels, sont, à mon avis, séparées par une barrière infranchissable et forment de vraies espèces naturelles; tandis que des coquilles assez différentes, pourvu qu'elles se lient par toutes les transitions possibles, ne pourront aspirer qu'au titre de variétés. A ce point de vue la valeur des caractères devient tout autre et l'on parviendra sans doute un jour à débrouiller le chaos qui embarrasse M. Bourguignat.

Pour le moment je me contente de donner la série des formes, je ne dis pas espèces, qu'on est parvenu à distinguer, en ajoutant l'indication constatée de l'habitation de chacune d'elle. Faute de détails suffisants, il m'est impossible d'interpréter les données de M. de Saulcy.

1) *Ch. alumnus* Parr.
Ile de Chypre (sec. Parr.).

2) *Ch. Truquii* Bellardi.
Fossula, en Chypre (Bell.).

3) *Ch. Parreyssi* Pfr.
Chypre (sec. Parr.).
Ces trois espèces sont intimément liées.

4) *Ch. limbodentatus* Mss.
Chypre et Liban (Bell.).
Elle forme le passage aux espèces suivantes:

5) *Ch. septemdentatus* Roth.
Sajda (Boissier, Bellardi, Roth). Jérusalem (de Saulcy, Roth, Liebetrutt). Beirut (Kindermann sec. Friw.). Iaffa (Roth). Damas (Roth).

b) *var. maxima* Bourg.
Sajda (Roth). Licus en Syrie (de Saulcy sec. Bourg.) Jérusalem (Roth).

c) *var. elongatus* Roth.
Jérusalem (Roth). Syrie (Bourg.). Petite île entre Chios et Melana (Roth).

d) *var. albulus* Mss.
Jérusalem (Roth).

6) *Ch. triticeus* Rossm.
Jérusalem (Stenz sec. Rossm.) Damas (Roth).

7) *Ch. Saulcyi* Bourg.
Nazareth (de Saulcy sec. Bourg.). Sajda (Roth). Tiberias (Roth sec. Rossm.).

b) *var. impressa* Mss.
Jérusalem (Roth).
Ici commencent les petites formes, qui courrent parallèlement aux précédentes.

8) *Ch. stylus* Parr. (*Gaudry* Bourg.).
Chypre (Gaudry sec. Bourg.).

9) *Ch. ovularis* Oliv. (*Charpentieri* Grat.).
Iaffa (Roth). Brussa (Straube sec. Rossm.).

b) *var. sulcidens* Mss.
Iaffa (Roth).

10) *Ch. lamelliferus* Rossm. (*turgidulus* Charp.).
Chypre (sec. Parr.). Syrie (sec. Rossm.).

11) *Ch. nucifragus* Parr. (*anthirynchus* Parr. olim.).
Chypre et Syrie (sec. Parr.).
Comme dernier poste de cette petite tribu, vers le nord, il faut ajouter le

12) *Ch. phasianus* Dubois.

Ekatherinenfeld, dans le Somketh, et Poti en Mingrelie (Dubois). Cette petite espèce, non décrite, ressemble beaucoup au *nucifragus* Parr. (Rossm. Icon.

III. N° 920) en petit, mais en diffère par quelques caractères dont je parlerai à une autre occasion. C'est bien encore un Chondrus, à dents proprement dites, qu'on ne saurait rapprocher de la *Pupa caucasica* (Pfr. Mon. IV. 675), qui est une vraie Torquilla, munie de plis et non de dents.

Je reviens maintenant au *Ch. septemdentatus*, l'espèce la plus répandue de toutes et aux variétés que les riches collections de M. Roth permettent de distinguer. Pour ce qui concerne la forme typique, il suffit de renvoyer à la diagnose et aux figures parfaites, qu'en a données M. Rossmässler (Icon. III. N° 922).

var. maximus Bourg. — *T. major (long.* 10—12, *diam.* 4 ½—5 *Mm.), striata, fusco-cornea, anfractu ultimo ad marginem albo, irregulariter rugoso, dentibus validis in labio interno valde prominente albo dispositis.*

Elle est assez foncée à l'état frais et ne se distingue que par sa grandeur et le fort développement du bord. A l'extérieur la coquille vers le bord devient blanche, calcaire, irrégulièrement impressionnée à l'intérieur. Toujours assez enfoncée, à partir du bord, s'élève la très forte lèvre blanche qui porte les dents.

var. elongatus Roth. — *ovato-oblonga, obscura; apertura et marginibus similibus illis praecedentis varietatis.*

Ces deux formes ne sont pas de bonnes variétés, douées d'un ensemble de caractères bien stables dans certaines contrées, mais transigeant dans d'autres. Elles se comportent plutôt comme des *mutations* de localités restreintes, souvent même comme de simples *déviations* individuelles, favorisées probablement par la nature abritée du lieu. Aussi ne les ai-je mentionnées comme variétés que par condescendance pour les auteurs.

var. a l b u l u s Mss. — *T. minor (long.* 8—9 *diam.* 3 ½—4 *Mm.) conico-ovata, nitidiuscula; anfractibus subconvexis; superis pallide corneis; ultimo breviore, albescente; apertura parvula, dentibus invalidis.*

Cette variété, provenant également de la contrée de Jérusalem, est bien plus particulière que les précédentes. Sa forme est plus alongée, un peu conique, non renflée; le dernier tour surtout n'occupe pas le tiers de la longueur. Ses tours sont plus convexes que dans le type, plus régulièrement croissants, moins striés; les premiers ont une couleur cornée-pâle, le dernier est blanchâtre. La bouche reste relativement petite et présente des dents qui, quoique complètes, sont assez faibles. Peut-être M. Rossmässler aurait-il élevée cette forme, qui paraît provenir d'un terrain aride et exposé, en espèce indépendante, à l'instar de son *B. triticeus* (Rossm. III. 98); pour le moment je ne m'y crois pas autorisé, en considération surtout de quelques individus assez douteux. Le *B. triticeus* Rossm. ne s'est pas trouvé dans les collections de M. Roth, quoiqu'il dusse également provenir de Jérusalem; je l'ai reçu de M. Friwaldsky avec l'étiquette Damas. Il se distingue par sa forme régulièrement longo-oviforme, ses tours polis et unis, sa suture très superficielle, sa dent pariétale un peu enfoncée, — des caractères peu prégnants, qui n'excluent point l'idée d'une simple variété.

45. Chondrus Saulcyi Bourg. — Cat. rais. 42. T. 11. f. 45. — Roth. Spicil. 37.

M. Roth l'a rencontré en quantité, d'abord près de Tiberias, puis dans son dernier voyage, aux environs de Sajda. Au premier endroit il se trouve seul (Spicil.), au second associé au *B. septemdentatus*, auquel il ressemble beaucoup, l'enroulement excepté qui est sénestre, au lieu d'être dextre. Comme ce dernier caractère, quelque décisif qu'il paraisse au premier abord, perd dans certaines espèces de Bulimes beaucoup de sa valeur, puisqu'on les trouve indifféremment enroulés dans un sens ou dans l'autre, il est naturel de demander, s'il y a d'autres différences assez essentielles pour justifier une séparation. La comparaison d'un grand nombre d'échantillons, provenant de Sajda, m'a mené aux résultats suivants. Le *Ch. Saulcyi* est communément plus ventru, le plus grand diamètre se trouve à l'avant-dernier tour et le dernier tour forme, vu du dos de la coquille, une plus grande partie de la longueur totale. Les dents sont plutôt élevées que fortes; les deux dents columellaires sont, en moyenne, plus égales et plus rapprochées (mais il y a des exceptions) que dans le *septemdentatus*, qui a presque toujours la supérieure plus grande. Le caractère le plus apparent et le plus constant est la fusion, dès le premier développement de la bouche, du tubercule de l'insertion avec la petite dent pariétale, d'où résulte une seule crête allongée, tandis que dans l'autre espèce la petite dent reste un acolyte isolé et peu avancé de la grande. Enfin, on remarque très souvent le commencement d'un pli marqué à l'extérieur par un petit trait blanc, qui de la dent inférieure du bord libre se prolonge de 1 à 2^{mm} vers l'intérienr. Le septemdentatus ne m'a présenté aucune trace de ce pli.

Ces caractères me semblent devoir suffire pour justifier la séparation.

var. impressus Mss. — *minor (long. 7 Diam. 3 Mm.) elongato-ovalis, margine senestro extus impresso, dentibus columellæ minus approximatis, dente infero marginis liberi retro plicam elongatam, extus per totum primum anfractum perspicuum, emittente.*

Cette forme plus petite, des environs de Jérusalem, ne s'est trouvée que dans quelques échantillons, et me semble constituer une bonne variété. Le bord gauche libre, au lieu de former une courbe régulière, est à l'endroit de la dent supérieure, la plus grande, un peu comprimé de l'extérieur; la dent inférieure se prolonge, beaucoup plus que dans la forme typique, vers l'intérieur en un pli continu, qui est accusé à l'extérieur par une fine ligne blanche, qu'on poursuit sur tout le premier tour. La présence de ce pli rappelle les Torquilles ou vraies Pupas dont on s'est beaucoup trop pressé, à ce qu'il me semble, d'éloigner les Chondrus, pour les subordonner aux Bulimes.

46. Chondrus ovularis Oliv. — Voy. I. 225. T. 17. f. 12. — Coqu. de Bell. 46. — Pfr. Mon. IV. 434. — Rssm. Icon. III. N° 927.

M. Pfeiffer, dans le volume IV de sa Monographie et M. Rossmæssler dans le volume III de son Iconographie, ont compris cette espèce de la même manière que je l'avais fait; la description et la figure du voyage d'Olivier, quoique fort incomplètes au point actuel de la science, ne laissent, à ce qu'il me semble, guère de doutes. La seule espèce très voisine, le *B. lamelliferus* Rssm. (Icon. III. N° 919) se distingue par sa grosse dent dorsale unique, prolongée en crête; l'*ovularis* en a toujours deux, bien séparées entr'elles et du tubercule insertionnal. Cette espèce est toujours bien plus petite et plus globuleuse que le *septemdentatus*, sa bouche est moins haute, plus écrasée et plus fortement retrécie par les deux séries de dents. Le tubercule étant peu développé, on ne compte en apparence que 6 dents, qui relativement sont très fortes.

Var. sulcideus Mss. — *Paulo minor, corneo-hyalina, dentibus non conicis, sed crassis, clavæformibus, summo subbipartitis.*

En triant un grand nombre de *Ch. ovularis*, provenant de Iaffa, j'en remarquais un certain nombre qui étaient en moyenne un peu plus petits et à l'état frais plus hyalins. Après les avoir séparés sur la simple inspection extérieure, il se présenta une différence assez sensible dans la forme des dents. Celles de l'*ovularis* typique sont toutes coniques, quoiqu'arrondies au sommet; celles de la *sulcidens*, placées sur un bourrelet labial moins fort, sont parcontre larges et plus ou moins épaissies au sommet, souvent au point de former deux tubercules, séparés par un léger sillon. Cette particularité est surtout prononcée sur les 4 dents principales, la grande pariétale, la supérieure columellaire et les deux dents du bord libre; les deux autres, la petite pariétale et l'inférieure de la columellaire, ont la forme de petites verrues. — Je ne puis pas me prononcer sur la relation des deux formes; toujours reste-t-il constant que les formes douteuses, qu'on est embarrassé à classer, sont assez rares. L'espèce, telle que je la conçoit ne doit pas être une abstraction de cabinet, mais une donnée définie et persistante de la nature.

47. Pupa chondriformis Mss. — nov. spec.

T. sinistrorsa, rimato-perforata, conico-elongata, vix striatula, pellucida, glabra, oleaceo-cornea. Spira conoidea, summo acutiusculo; sutura tenuissime albo-marginata. Anfractus $7^1/_2$, *convexi; ultimus antice paulo ascendens, ad basin subcompressus. Apertura verticalis, ovato-triangularis,* 7 *dentata: duobus in pariete, subprofundis, infero maximo elongato, supero minuto; duobus columellaribus, supero medio, infero basali obsoleto; duobus in margine externo, distantibus et æqualibus, vix immersis retro in plicas exeuntibus. Perist, expansiusculum, album, vix labiatum; marginibus ad basin subangulatim junctis, columellari recto.*

Long. 7 *diam.* $2^4/_5$ *Mm.*

Rat. anfr. 5 : 1. — *Rat. apert.* 11 : 10.

Je m'étonne de ne pas trouver mentionnée cette charmante espèce qui pourtant provient des environs de Jérusalem et qui, là où on la trouve, doit être fréquente. Ses dents, au même nombre que dans le groupe du *Ch. septemdentatus*, sont assez prononcées, mais celles du côte libre se prolongent en arrière en plis non continués, comme en partie dans l'*ovularis*. C'est donc une des espèces qui se placent entre les Chondrus et les Pupas, et dont le classement changera suivant les vues systématiques du Malacologue. La petitesse de la bouche, toute verticale, la forme générale de la coquille, le prolongement des deux dents du bord libre sous forme de plis, l'absence de forte labiation m'ont engagé à la joindre aux Pupas. Toutefois elle ne ressemble à aucune espèce européenne et ne se rapproche que de la *P. Michoni* Bourg. (Cat. rais. 53. T. 2. f. 24. 25) de Tiberias, que je ne connais pas de vue directe; elle en diffère par l'enroulement sénestre, la forme plus conique, la bouche moins allongée, la présence de deux dents pariétales, etc.

48. Pupa granum Drap. — Coq. de Bell. 48.

Cette espèce bien connue pour le midi de l'Europa et s'étendant vers l'intérieur jusqu'en Suisse (Sion, dans le Valais), a été recueillie dans l'Attique par M. Heldreich, à Sajda par M. Bellardi. Il est intéressant de la retrouver à Jérusalem. Je ne doute pas que l'espèce que M. Bourguignat a décrite sous le nouveau nom de *P. Saulcyi* (Cat. rais. 53. T. 2. f. 22. 23) ne soit la coquille présente, que pour mon compte je ne saurais distinguer, même comme bonne variété, de l'espèce européenne.

49. Pupa Rhodia Roth. — Dissert. 19. T. 2. f. 1. — Pfr. Mon. I. 350.

D'abord découverte à Rhodes, M. Roth, dans son dernier voyage, l'a également ramassée en quantité, dans les environs de Jérusalem. Elle se reconnaît aisément à sa spire elancée, mais parfaitement conique, formée de 7 tours arrondis, par sa costulation élégante, sa couleur claire et par les particularités de l'ouverture. Elle paraît essentiellement orientale, car tout ce qu'on a indiqué sous ce nom de la Dalmatie et de la Grèce, paraît devoir être rapporté à la *P. Philippii* Cantr. (P. *caprearum* Phil.) (Rossm. Icon. II. N° 729).

50. Clausilia mæsta Fer. — Rossm. Icon. II. N° 634.

Il est curieux de ne trouver dans les collections de M. Roth qu'une seule Clausilia, ce qui fait présumer que la partie de ses récoltes, comprenant ce genre, s'est perdue par quelqu'accident. — L'espèce actuelle, à juger d'après le nombre des échantillons, doit être commune aux environs de Iaffa. C'est tout-à-fait la forme décrite et figurée par M. Rossmæssler. Je la possède en outre de Sidon (Boissier, sous le nom érroné *C. Saulcyi*), de la Syrie (Parreiss), de Brussa (Koch); elle paraît donc assez répandue. Elle fait partie d'un petit groupe oriental, comprenant les *Cl. corpulenta* Friw. (Rossm. Icon. III. N° 878), la *Cl. Saulcyi* Bourg. (Cat. rais. 50. T. 4. f. 7—9), la *Cl. obliquaris* Parr. (Pfr. Mon. IV. 783) — qui toutes trois sont garnies de petits plis au pourtour de l'ouverture et ne constituent probablement qu'une seule espèce —, enfin la *C. somchetica* Pfr. (Rossm. Icon. III. N° 877), qui couvre de ses variétés les provinces transcaucasiennes russes. Cette dernière espèce est plus lisse que la *mæsta*, plus grossière, d'une couleur plus claire; sa lamelle supérieure est plus forte et avance plus fortement, ses plis palataux sont plus égaux et avancent souvent jusqu'à une callosité, qui borde l'intérieur de la bouche.

51. Tornatellina hierosolymarum Roth. — Spicil. T. 1. f. 99.

On doit la connaissance de cette charmante et curieuse espèce à M. Roth; dans son dernier voyage il en recueillit un certain nombre. L'aspect général, la forme grèle, la spire longuement enroulée, le test hyalin, la surface brillante rappellent entièrement le groupe de Glandines, que M. Bourguignat a détaché sous le nom de *Cæcilionelles*, p. ex. la *C. Hohenwartii* Rossm. (Icon. II. N° 657) qui toutefois est plus petite. La conformation de la bouche parcontre est tout-à-fait exotique. Deux lamelles ou plis élevés, terminés par un filet blanc, s'enroulent, l'un, le plus grand, sur la paroi de l'ouverture, le second, analogue à ce que présentent les *Spiraxes*, autour de l'extrémité de la columelle, qui en est fortement tronquée. La figure dans le Spicilegium représente ses deux lamelles trop épaisses et trop informes. En outre on découvre, plus vers l'intérieur, un faible pli à la columelle même, et vis-à-vis de la grande lamelle, parallèlement à elle, une petite languette, qui du bord libre s'étend de 1 à 2^{mm} vers l'intérieur, elle n'est visible que dans les individus bien frais et adultes.

var. discrepans Mss. — *Paulo major, anfractibus convexiusculis; ultimo breviore, supra et infra subangulato, 1/3 longitudinis non superante; columella perarmata, lamellis minoribus.*

Un seul exemplaire, trouvé parmi une quantité de formes typiques, laisse indécis, si l'on doit considérer cette forme assez particulière comme bonne variété ou comme un développement exceptionnel, de l'espèce actuelle, tels qu'on en rencontre dans tous les genres.

52. Glandina tumulorum Bourg. (Cæcilionella). — Amén. mal. I. 1856. 219. T. 18. f. 15—17.

Parmi les Tornatéllines s'est trouvée une Cæcilionelle qui, d'après ses dimensions et sa forme, se rapproche de l'espèce grecque, décrite par M. Bourguignat. Et cependant il y a quelques différences d'avec la figure, qui me font douter de la justesse de ce rapprochement. D'abord les tours ne sont pas si unis que dans la figure et ressemblent plus à ceux de l'*acicula* Müll., qui est considérablement plus petite; la callosité pariétale manque entièrement, la columelle est un peu bordée à l'extrémité; la longueur s'élève à 7mm. Je la nomme provisoirement.

Var. judaica. — Paulo major; anfractibus convexiusculis, pariete aperturæ non calloso; columella ad extremitatem filo submarginata.

53. Glandina Liesvillei Bourg. (Cæcilionella). — Amén. mal. I. 1856. 217. T. 10. f. 6–8.

Aux environs de Jérusalem M. Roth a recueilli de nombreux échantillons d'une petite Cæcilionelle, qui n'atteint que ⅔ de l'*acicula* Müll. et qui, grâce aux soins que M. Bourguignat a mis à démêler les espèces de ce petit groupe, a pu être déterminée comme l'espèce qui habite une partie de la France centrale et méridionale. Ses tours sont moins convexes que dans l'*acicula* et garnis d'une suture distinctement marginée. La paroi de l'ouverture porte un épaississement et se termine par une columelle moins recourbée et tronquée obliquement. Le rapport du dernier tour à la longueur totale varie grandement, comme dans toutes les Glandines, suivant l'âge ou le nombre des tours; dans les jeunes individus, de 4 tours, le dernier occupe la moitié jusqu'au deux tiers de la coquille, dans les adultes à peine un tiers. Il faut donc se garder de ne pas juger sur des échantillons isolés, dont on ne connaît pas le degré de développement.

Dans mon catalogue des coquilles de M. Bellardi, j'ai mentionné la *C. acicula* des environs de Sajda. Malheureusement les échantillons ne sont plus à ma disposition et je ne puis décider s'ils ne devraient pas plutôt appartenir à l'espèce actuelle.

54. Limnæus syriacus Mss.

T. imperforata, ovato-elongata, crassiuscula, cor-

nea, striatula, sine nitore. Spira regularis, summo acuminato nigricante; sutura impressa. Anfractus 6 — 6 1/2 convexi, primi minimi; ultimus spiram paulo superans. Apertura ovata; margine acuto, columellari apresso; columella torta, subplicata.
Long. 24; *diam. major.* 13; *diam. min.* 11 *Mm.*
Rat. anfr. 4 : 7. — *Rat. apert.* 7 : 4.

Cette espèce que j'avais précédemment reçue de M. Boissier de Damas, a été recueillie par M. Roth à Jérusalem. Ne la trouvant mentionnée ni dans le Catalogue de M. Bourguignat, ni dans le Spicilegium de Roth, je la crois neuve. Je ne puis mieux la définir qu'en disant qu'elle tient le milieu entre le *L. palustris* Drap. et le *pereger* Müll. Elle est moins allongé que le premier et plus que le second; sa spire se termine en une pointe très fine bleu-noirâtre; l'ouverture est presque aussi ample que dans le *pereger*, mais n'a point son bord columellaire détaché, ni sa columelle allongée, presque droite; cette dernière, au contraire, est tordue comme dans le palustris et recouvert d'une lame marginale qui se moule sur la coquille.

55. Lymnæus tener. Parr.

De jeunes exemplaires, qu'il est difficile de déterminer. L'ouverture n'est pas aussi évasée que dans l'*ovatus* Drap. et ressemble à celle des jeunes individus du *L. vulgaris* Pfr. auquel s'associe le *L. tener* Parr., qui est extrêmement fragile et provient originairement de l'Asie-mineure. On le trouve également en Perse et à Damas. Le *L. atticus* Roth (Spicil. 48. T. 11. f. 16. 17) est un peu comprimé latéralement, mais appartient encore au même groupe.

56. Planorbis piscinarum Bourg. — Cat. rais. 56. T. 11. f. 32—34.

Ce petit Planorbe, trouvé à Sajda, coïncide assez bien avec l'espèce de Baalbeck, décrite par M. Bourguignat. Il fait partie d'un petit groupe, qui longtemps était reste négligé et auquel appartiennent les espèces suivantes: *P. lævis* Alder (Rossm. Icon. III. N° 964), (identique avec les *P. cupecula* Galenst. et *planensis* Testa), le *P. regularis* Hartm., le *P. hebraicus* Bourg. (Cat. rais. 57. T. 11. f. 38—40), le *P. cornu* Ehrbrg. (Rossm. Icon. III. N° 963). La petitesse le rapproche des deux premiers, mais il a un tour de moins, les tours croissent plus rapidement en hauteur et en largeur, ils ont des stries d'accroissement discernables et s'abaissent un peu, quoique inégalement dans divers individus, en s'approchant de l'ouverture. — Il faut néanmoins convenir que la connaissance des Planorbes, de même que celle des Limnées, est encore dans son enfance, faute de données nombreuses et précises, et qu'on n'est bien moins en état, que pour les coquilles terrestres, de décider ce qui doit être considéré comme espèce, ou comme variété. Chaque lac, chaque ruisseau développe des particularités, qui souvent semblent incompatibles les unes avec les autres, si d'autres localités ne prouvaient le contraire en présentant des formes réellement intermédiaires.

57. Planorbis hebraicus Bourg. — Cat. rais. 57. T. f. 35—37.

Suivant M. Bourguignat il est plus déprimé, moins strié, d'un tiers plus grand que le précédent et ne s'abaisse pas vers l'ouverture. Ces caractères conviennent à quelques échantillons, malheureusement défectueux, qui portent l'étiquette Kamleh. Ils ont la grandeur, mais non les tours aplatis et anguleux de l'espèce que j'ai décrite sous le nom de *P. janinensis* (Coqu. Schläfli 53).

58. Bithynia rubens Mke. — Syn. Ed. 2. 134. — Bourg. (Cat. 62)

var. sidoniensis Mss. — *Spira elatiore, anfractibus minus separatis, ultimo minus inflato, apertura subovali, margine libero expansiusculo, columellari subincrassato.*

Cette espèce de Sajda est certainement celle que M. Bourguignat et d'autres auteurs ont réunies à l'espèce de M. Menke. Cependant, en la comparant au type sicilien, il y a des différences constantes. La spire est généralement un peu plus élevée et parfaitement régulière; les tours sont séparés par une suture moins profonde et sont par conséquent moins libres; le dernier n'atteint pas la moitié de la hauteur; l'ouverture est plus allongée, son bord libre dans les vieux individus a une faible tendance à s'évaser, le columellaire s'épaissit et prolonge sa callosité jusqu'à l'insertion droite. Il n'y a jamais la moindre trace de ces lignes spirales blanches, si fréquentes dans les échantillons de Palerme.

J'avais d'abord cru reconnaître dans la forme présente la *B. Hawadieriana* Bourg. (Cat. 63. T. 2. f. 46. 47), mais les différences sont encore plus marquées, l'ouverture surtout est toujours fortement entamée par l'avant-dernier tour. Notre forme de Sajda, que j'ai également reçue de Damas, semble susceptible de beaucoup varier, comme c'est le cas de plusieurs espèces lacustres: d'un côté certains individus plus élancés se rapprochent, à part le nombre des tours, de la *B. longiscata* Bourg. (Am. 148. T. 8. f. 12. 13), sans cependant l'atteindre; de l'autre, on en observe de plus globuleux, que j'avais déterminés, peut-être par erreur, comme *P. badiella* Parr. (Coqu. Bellardi 49. — Kust. 62. T. 11. f. 25—28). M. Bourguignat, en ne tenant aucun compte de la Monographie des Paludines par M. Küster, l'ouvrage le plus complet sur ce genre difficile, qui parut en 1852, et créant une quantité de nouvelles espèces, en partie probablement sur des individus isolés à caractères insolites, a beaucoup contribué à rendre difficile l'étude des petites espèces syriaques. Certes, il est très improbable que la même localité, Sajda, ait produit 7 petites espèces de Bithynies, dont plusieurs très voisines (bulimoides (?!), rubens, longiscata, Gaillardotti, Moquiniana, hebraica, Putotiana) et qui en outre diffèrent de plusieurs autres espèces de la Palestine. Le chaos qui existe par rapport aux Bithynies de l'Orient, y compris l'Asie-mineure et la Turquie européenne, ne pourra être débrouillé que par un observateur consciencieux, visitant les lieux-mêmes.

59. Bithynia Gaillardoti Bourg. — Amén. mal. 147. T. 8. f. 10. 11.

Cette espèce provient, de même que les échantillons de M. Bourguignat, de Sajda et doit être son espèce typique. Dans ce cas la figure laisse beaucoup à désirer. Les grands individus ont presque le double de la figure 10. Ils sont pour la plupart faiblement „rimato-perforata"; la spire ne dévie pas de l'axe, comme l'indique la figure 11, elle est aussi plus régulière, l'ouverture, relativement moins grande, ressemble en miniature à celle de la *B. Hawadieriana* Bourg., le sommet est souvent tronqué et corrodé.

60. Bithynia Moquiniana Bourg. — Amén. 148. T. 8. f. 14. 15.

Mêlés à la précédente se trouvèrent quelques échantillons plus ventrus; deux ou trois se rapprochent de la figure de la *B. Moquiniana*, les autres sont par rapport à la hauteur de la spire et la grandeur de l'ouverture intermédiaires entre celle-ci et la précédente. Par ce motif je doute un peu de la validité de cette espèce. M. Bourguignat, tout en faisant preuve d'une grande sagacité diagnostique, se plaît à exagérer les caractères; souvent on croit plutôt reconnaître le portrait fidèle d'un échantillon extrême que le type moyen de l'espèce, susceptible de varier dans différents sens. Chaque espèce a certains caractères constants et essentiels, quoique souvent peu saillants, d'autres très variables et de peu de valeur, malgré leur apparence frappante; de distinguer ces deux ordres de caractères est le point capital en conchyliologie. Certes, il vaut mieux avouer ses doutes que de prétendre à une certitude tout-à-fait imaginaire.

61. Bithynia hebraica Bourg.? — Amén. mal. 182. T. 15. f. 7—9.

M. Roth avait joint le nom à cette petite espèce, encore de Sajda, sans quoi il m'aurait été impossible de la déterminer sur la diagnose et la figure de M. Bourguignat. Sa forme, en effet, n'est pas aussi ovoïde que la figure, qui rappelle assez une *Paludinelle*; le sommet n'est pas „très obtus", les tours ne peuvent être nommés „très convexes", etc.

62. Melanopsis prærosa Lin. — Syst. nat. Ed. XII. 1203.

Var. Ferussaci Roth. — Moll. spec. 24. T. 2. f. 10. — Spicil. 53. — Bourguignat Cat. 65.

De Iaffa. On est assez d'accord de considérer

cette forme si fréquente en Orient comme une simple variété de l'espèce de Linné, qui de l'Espagne passerait en Algérie et reparaîtrait dans l'Asie-mineure et la Syrie. En effet le caractère qui surtout en a motivé la séparation, l'absence du canal supérieur à l'insertion du bord droit, est extrêmement inconstant, ne dépendant que de l'abaissement plus ou moins fort de la suture du dernier sur l'avant-dernier tour. Nul genre ne présente sous ce rapport des différences aussi grandes que les Mélanopsides; la même espèce d'un lieu à un autre s'étend ou se contracte d'une manière curieuse, à l'instar d'une lunette qu'on allonge ou raccourcit, et ce changement en entraîne une série d'autres dans la forme de l'ouverture et de son canal. — Les échantillons de Iaffa sont intermédiaires entre le variété de M. Roth et l'espèce typique. La couleur est presque noire, la spire s'allonge en pointe régulière, la surface ordinairement lisse présente quelquefois, surtout dans les échantillons les plus effilés, de faibles traces de plis; d'autres échantillons, plus petits et plus obtus, passent à la forme que M. Parreiss a nommée *M. brevis*. La tendance qu'ont les échantillons à se creuser à la surface des tours, ce qui les rapproche de la *M. Dufourii* Fer. et de ses variétés, ne se retrouve pas dans ceux de la Syrie, qui sont unis ou convexes.

63. Melanopsis jordanica Roth. — Moll. spec. 25. T. 2. f. 12. 13. — Rossm. Icon. f. 679.

Cette Mélanopside, parfaitement décrite par les auteurs cités, n'est ordinairement considérée que comme variété de la *M. costata* Oliv. Je ne prétend pas combattre ce que M. Bourguignat assure pouvoir étayer d'une série de formes intermédiaires; toutefois il n'existe que bien peu de variétés qui jouissent d'un ensemble de caractères aussi prégnants que ceux que présente la *M. jordanica*, recueillie en des centaines d'exemplaires dans le lac de Tiberias. La coquille est toujours courte et renflée, la costulation grossière, mais régulière, la coloration formées de bandes obscures, la bouche courte et large, calleuse sur tout le bord gauche, dépourvue de canal supérieur — caractères qui ne permettent pas de la confondre.

Var. irregularis Mss., — *abbreviata, omnino nigra, lævigata, sumo obtuso, costulis inæqualibus, sæpe evanescentibus, apertura minus dilatata.*

Cette seconde variété habite également le lac de Tiberias. Elle se distingue par sa taille plus faible, sa forme plus contractée, l'inégalité de ses côtes, qui tantôt sont fortes et distantes, tantôt minces et serrées, tantôt, enfin, faibles et à peine accusées. Ces derniers échantillons inclinent un peu vers la *M. brevis* Parr., qui de son côté n'est sans doute qu'une variété de la *prærosa* L.

64. Melania tuberculata Müll. — Verm. hist. II. 191. — Roth Spicil. 52. — Phil. Icon. T. 1. f. 19.

Peu d'espèces ont un domaine aussi étendu que la *M. tuberculata* M. ou *fasciata* Oliv. Elle commence à paraître en Algérie, suit le pourtour de la Méditerranée par l'Egypte et la Syrie et s'avance à travers l'Asie-mineure jusqu'en Mingrélie, d'où M. Dubois l'a rapportée. Vers l'Est elle se répand sur toute l'Asie méridionale, d'un côté jusqu'en Chine, de l'autre jusque dans les îles de l'Océan indien, en développant diverses variétés, qui cependant ne s'éloignent pas beaucoup du type. — Le dernier voyage de M. Roth n'a pas fourni la *M. judaica*, précédemment décrite (Spicil. 53. T. 2. f. 1—3), mais deux formes du groupe de la *tuberculata*. La première, non adulte et provenant des environs de Jérusalem, porte sur ses tours supérieur 7 à 8, sur le dernier 12 à 13 linéoles élevées traversées par quelques linéoles brunâtres. C'est la vraie espèce de Müller, en petites dimensions. — La seconde forme n'a été rencontrée qu'à l'état mort et décoloré dans la vallée de Tiberias, qui déjà a présenté tant d'objets particuliers. Je la considère provisoirement comme espèce nouvelle, sans ne vouloir rien préjuger sur ses rapports avec la *tuberculata*, qui doit se trouver dans le voisinage.

65. Melania Rothiana Mss.

T. imperforata, cylindraceo-turrita, multispirata, calcareo-alba. Spira regularis, lente accrescens; summo decollato; sutura subimpressa, filari. Anfractus remanentes 7 *(restituti* 12—14*), plano-convexi, superis liris* 5, *costulis validis secatis, circumdati; ultimus ad basin lineis spiralibus* 4, *in columellam minoribus, ornatus. Apertura angusto-ovalis; margine dextro recto, infra arcuatim subproducto, sinistro lamina tenui callosa vestito; columella crassiuscula, angulatim in marginem basalem curvata.*

Long. (restituta) 26; *Diam.* 6,5 *Mm.*

Apert. long. 6,5; *lat.* 3 *Mm.*

Le petit nombre des lignes spirales des tours supérieurs, — 5 au lieu de 7 — leur relief, la grosseur des côtes transverses, augmentant du sommet à la base de 6 à 14, la forme plus allongée, les tours moins convexes, l'ouverture assez étroite, la columelle épaissie descendant plus loin vers l'angle inférieur de l'ouverture, tous ces caractères éloignent cette forme plus du type de la *M. tuberculata*, que ce n'est le cas pour les variétés connues de cette espèce. Ne sachant rien sur l'origine de cette coquille, il ne serait pas impossible, qu'elle soit sub-fossile et par conséquent étrangère à la faune vivante du pays.

66. Neritina Jordani But. — Roth Moll. spec. 26. T. 2. f. 14. 16.

Var. turris Mss. — *Major (long.* 14. *lat.* 11 *Mm.), crassa, tota nigra vel albo-fulgurata; anfractu ultimo sœpe bicoarctato; summo subproducto; plano columellari valde calloso, albo-luteo.*

Tous les caractères essentiels de cette forme, venant du lac de Tiberias, coïncident avec ceux de l'espèce Jordani; les différences sont du second ordre. Mais elle est plus grande, presque le double et a son sommet plus élevé par l'adjonction d'un demi-tour en retrait. La couleur noir bleuâtre domine, tantôt seule, tantôt interrompue par de lignes fulgurées, blanches. L'ouverture, formant la base du cone incliné en pain-de-sucre, est petite et offre un plan labial fortement calleux, souvent jaunâtre, de même forme que l'entrée de la cavité.

67. Neritina Bellardii Mss. — Coqu. de Bell. 52. T. 1. f. 11.

Quant à cette espèce, également des environs de Tiberias, je puis me référer entièrement à la diagnose donnée dans mon catalogue des coquilles rapportées par M. Bellardi, avec la seule différence, qu'ici aussi les échantillons noirs sont mêlés à d'autres à dessins sinueux blancs. Evidemment elle est la proche parente de la précédente, mais elle en diffère par la forme plus globuleuse, le sommet moins élevé, la surface unie et polie, l'absence des impressions spirales, l'ouverture plus transverse, le labium moins incliné vers l'intérieur. Parmi des centaines d'individus des deux formes, je n'en ai pas rencontré deux d'embarrassants, ce qui me semble appuyer leur distinction spécifique.

Aux environs de Iaffa s'est trouvée une petite Néritine non adulte, qui sous bien des rapports, la forme générale, la convexité du dernier tour, le dessin à linéoles etc., s'accorde avec la *N. Bellardii*; mais elle est un peu plus transverse, et plus mince, plus régulièrement dessinée; elle présente une ouverture plus dilatée et un plan labial moins calleux et plus incliné. Pour le moment je ne puis la considérer que comme un développement peu favorisé de cette espèce.

68. Cyrena fluviatilis Müll. Phil. — Abb. 77. T. 1. f. 5. — Cat. Bell. 53. — Bourg. Cat. 79.

M. Bourguignat, en réunissant toutes les grandes Cyrènes de l'Egypte et de la Syrie en une même espèce, a peut-être raison, ce qu'une étude consciencieuse sur les lieux-mêmes devra décider; néanmoins, au point actuel de la science, ce mélange absolu me paraît un pas rétrograde, puisque les variétés, aussi bien que les espèces, sont le produit de conditions déterminées, qu'il est surtout intéressant d'étudier dans les espèces très répandues. Le plus souvent en une même localité le cercle de la variabilité d'une espèce n'est pas très étendu, tandis qu'en la poursuivant vers les contrées éloignées de son domaine, on la voit se modifier soit passagèrement, soit définitivement d'une manière plus considérable. La recherche de ces rapports, particuliers pour chaque espèce, est un des buts les plus intéressants que doit se poser de nos jours l'étude des Mollusques, un but qu'à la vérité le simple amateur, avide de nouveautés et de raretés, ne saurait apprécier.

M. Roth a recueilli deux formes de Cyrènes dans le lac de Tiberias. La première ressemble par sa forme, sa couleur foncée, la nature de ses dents etc., à la *C. fluviatilis* M., telle que la conçoit M. Philippi, l'auteur qui, à mon avis, à le mieux debrouillé ce genre difficile. M. Bellardi l'avait rencontré dans l'ancien Leonthes, situé plus au nord.

La seconde espèce répond à la

69. Cyrena cor Lam. — An. s. vert. V. 552.

Elle partage la couleur foncée extérieure et la teinte violacée intérieure, ainsi que le genre de costulation de la précédente, mais elle a sa plus grande dimension dans le sens longitudinal, au lieu du transversal (24,5 à 22,5^{mm}); ses crochets sont aussi plus élevés et assez grèles, sa coquille plus épaisse, ses dents plus divergentes, beaucoup plus élevées, les latérales dirigées sous un angle droit. Il n'est pas impossible que la *C. crassula* Mss. (Coqu. d. Bell. 54), quoique plus petite, bien plus épaisse dans ses crochets, plus claire de couleur, ne soit en définitive qu'une variété de l'espèce de Lamark, ce que l'avenir décidera. Je ne dois cacher que dans le lac de Tiberias, comme dans le Leonthes, il se trouve quelques échantillons, relativement en petit nombre, qui sous tous les rapports sont intermédiaires entre les *C. fluviatilis* et *cor*, ce qui ne me paraît pas suffisant pour établir l'identité des deux espèces.

70. Unio litoralis Lam. — An. s. vest. VI. 76. — Rossm. Icon. f. 240.

Il est étonnant de ne pas trouver cette espèce mentionnée dans les Catalogues de M. Bourguignat, si riches en espèces de la Syrie. Cependant elle paraît exister en quantité dans le lac de Tiberias, avec des caractères constants qui, comparés à ceux de l'espèce française, ne permettent pas même une séparation au dégré de la variété. En somme, les échantillons de la Palestine sont un peu moins renflés, les crochets surtout un peu moins bombés et en même temps une idée plus rapprochés du bord antérieur, le rapport des deux côtés étant 21 : 44 au lieu de 22 : 42. Tous les autres caractères, la forme du contour, la configuration des dents et des lamelles, la sculpture des crochets, formés par une série de rides bien continues et sinueuses au milieu etc. sont tellement identiques qu'il serait ridicule de mettre de l'importance à des caractères ordinairement si peu fixes. Cette Unio a été cité des environs d'Andrinople.

71. Unio terminalis Bourg. — Cat. 76. T. 3. f. 4—6.

M. Roth l'a rencontrée comme M. de Saulcy dans le lac de Tiberias. Je n'ai rien d'essentiel à ajouter à la description de M. Bourguignat, seulement la couleur dominante n'est pas le noirâtre, mais un brun, tirant sur le vert et fascié dans le sens des lignes d'accroissement de quelques bandes obscures. Parmi les espèces d'Europe il n'y a que l'*U. tumidus* Retz, qui par sa forme se rapproche de cette jolie espèce, mais elle est moins large et moins épaisse, moins acuminée, sa dent principale n'est pas aussi pyramidale et plus parallèle au bord cardinal, ses rides sont plus grossières et irrégulières. Je pense qu'on ne peut les confondre.

72. Unio jordanicus Bourg. — Amén. mal. T. 16. f. 1—3.

Ce n'est qu'avec doute que je range une seconde Unio, trouvée également en nombre dans le lac de Tiberias, sous cette espèce, proposée par M. Bourguignat. Elle ne lui correspond qu'en partie et forme plutôt l'intermédiaire entre cette espèce et la précédente. Elle est moins épaisse, moins pointue antérieurement que la *terminalis*, dont elle partage parcontre la coloration et la sculpture des crochets. Sa dent principale cardinale est surtout plus allongée, non pyramidale, et logée dans un creux de l'autre valve, dont les deux bords sont relevés, caractère qui, plus développé, convient à un grand nombre d'espèces asiatiques. Sous ce rapport, ainsi que pour le contour de la coquille, surtout de l'extrémité antérieure, elle se rapproche de l'*U. jordanicus*, dont elle diffère parcontre considérablement par la sculpture plus fine et plus continue des crochets, à moins que la figure 4 ne soit incorrecte, ce qui me paraît assez probable. D'après ce qu'on sait de la variabilité des Najades suivant les localités, il ne serait pas impossible que les deux espèces dussent être réunies; il est bien rare de rencontrer en une même contrée deux espèces différentes d'un même type. Ne la connaissant pas, je ne me prononcerai pas sur l'*U. lunulifer* Bourg. (Amén. mal. 166. T. 17. f. 5—8) provenant également du Jourdain.

73. Unio Requieni Mich. — Compl. 160. T. 14. f. 24.

Il est certes intéressant de rencontrer, outre l'*U. littoralis*, une seconde espèce française dans le lac de Tiberias, et cependant l'identité avec les échantillons du lac Bourget en Savoie, par exemple, est si parfaite, qu'il m'est impossible d'indiquer la moindre différence constante, à l'exception d'une faible tendance de l'extrémité antérieure à s'abaisser, ce qui rend le bord inférieur plus rectiligne. Comme en ce point plusieurs espèces européennes varient considérablement, suivant la nature du fond sur lequel elles vivent et développent même un rostre, il n'est pas permis d'appuyer sur cette différence. Parmi les espèces citées par M. Bourguignat, il n'y en a aucune, dont l'espèce présente puisse être rapprochée; la plus voisine paraît être l'*U. Bruguiereanus* (Cat. 78. T. 2. f. 54—56), provenant des environs de Smirne, mais elle est bien plus large dans le sens vertical, d'une coloration radiée et munie de dents différentes.

Liste des espèces.

www.ingramcontent.com/pod-product-compliance
Lightning Source LLC
LaVergne TN
LVHW020042170826
845678LV00001B/383

* 9 7 8 2 3 2 9 6 8 7 9 5 7 *